新型职业农民培育·农村实用人才培训系列教材

小杂粮栽培新技术

惠　贤　常克勤　陈　勇　陈炳文　等著

中国农业科学技术出版社

图书在版编目（CIP）数据

小杂粮栽培新技术／㥁贤等著．—北京：中国农业科学技术出版社，2015.12

ISBN 978－7－5116－2456－7

Ⅰ．①小…　Ⅱ．①㥁…　Ⅲ．①杂粮－高产栽培－栽培技术　Ⅳ．①S51

中国版本图书馆 CIP 数据核字（2015）第 317444 号

责任编辑　闫庆健　段道怀
责任校对　马广洋

出 版 者　中国农业科学技术出版社
北京市中关村南大街 12 号　邮编：100081
电　　话　(010)82106632(编辑室)　(010)82109704(发行部)
(010)82109709(读者服务部)
传　　真　(010)82106625
网　　址　http://www. castp. cn
经 销 者　各地新华书店
印 刷 者　北京昌联印刷有限公司
开　　本　710mm ×1 000mm　1/16
印　　张　8. 5
字　　数　139 千字
版　　次　2015 年 12 月第 1 版　2017 年 2 月第 2 次印刷
定　　价　25. 00 元

《小杂粮栽培新技术》

著者名单

主　　著　惠　贤　常克勤　陈　勇　程炳文

副 主 著　杜燕萍　李春琴　张金文　杨建勋
　　　　　丁　峰　赵红梅

参　　著　李晓东　罗军科　田　瑛　杨彩玲
　　　　　陈　勇　姚亚妮　海小东　王锦莲
　　　　　牛道平　王文宁　窦小宁　周彦明
　　　　　雍海虹　马志成　蔡晓波　冯　祎

前　言

小杂粮包括杂粮、杂豆，是小宗粮豆作物的总称。都具有生育期短，种植分散，面积较小，抗旱耐瘠，适应范围广的特点，可在高海拔冷凉山地和山旱薄地种植，是灾年不可替代的救灾作物，也是种植业资源合理配置中不可缺少的作物。

小杂粮具有很好的抗旱御涝、避灾保收和与生境、作物间的配合能力，在耕作制度改革和种植结构调整中是极好的茬口。小杂粮是宁夏回族自治区（以下简称宁夏）南部山区民生重要的食物源和经济源，在实现地区粮食安全、农民增收、农业增效和社会发展等方面具有十分重要的作用。

小杂粮耕作方式传统，多种植在梁、卯、塬、岔及丘陵沟台地上，远离工业污染，生产中不施用农药、化肥、除草剂等化学制品，其产品是自然态的，没有有害物质，是人类回归大自然中难得的天然绿色资源。宁夏南部山区生产出的小杂粮产品品质优良，风味独特，营养丰富，不仅富含人体必需的蛋白质、脂肪、膳食纤维和碳水化合物，而且具有多种维生素、微量元素和生物活性成分，食用药用价值兼备，营养保健功能齐全，具有调节和改善人体机能、增进健康的作用，深受消费者的青睐，产品畅销国内外市场，若转变为商品优势，发展潜力巨大。

宁夏南部地区土地广阔，地貌多样，昼夜温差大，无霜期短，是宁夏小杂粮优势产区，独特的资源优势，长期的物竞天择，丰富的栽培经验，孕育培植了种类繁多的小杂粮作物，主要有糜子、谷子、荞麦（含甜荞和苦荞）、燕麦（含裸燕麦和皮燕麦）、豌豆、扁豆、蚕豆等，小杂粮作为一种既是粮食作物又是重要的经济作物的产业，在宁夏南部山区粮食生产和农民生活中具有举足轻重的地位。

为了充分发挥当地农业资源优势，加快发展宁夏南部山区特色农业，打造小杂粮产业品牌，增加农业收入，我们组织有关专家撰写了《小杂粮栽培新技术》一书，全书共七章，较为系统的介绍了糜子、谷子、荞麦、燕麦、豌豆、扁豆和蚕豆等小杂粮的形态特征、分布、生产、推广品种、栽培技术和加工利用，以及当地小杂粮研究、出口、贸易、风味食品、农谚、民俗等内容，较全面地反映了近年来当地小杂粮产业发展现状和高产栽培技术，可作为新型职业农民、农村实用人才的培训教材，也可为小杂粮科研工作者、农业技术人员、食品加工、商贸从业人员以及业务管理人员提供参考。该书的撰写出版，对提升宁夏南部地区小杂粮生产水平和知名度，推动小杂粮产业化进程，发展现代农业和建设社会主义新农村都将发挥积极作用。由于作者水平有限加之时间仓促，书中不足和疏漏在所难免，敬请广大读者批评指正。

作　者

2015 年 8 月

目 录

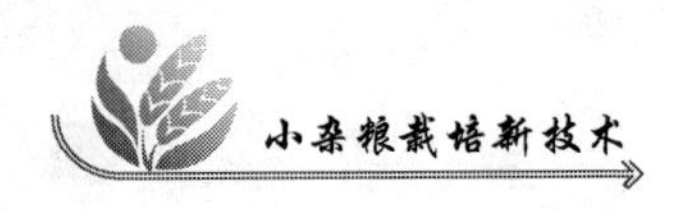

第一章 谷子栽培技术

谷子（*Setaria italic*），古称粟，是中华民族数千年文明史的主要栽培作物，也是我国北方地区人们喜爱的食粮之一。其营养丰富，适口性好，长期以来被广大群众作为滋补强身的食物。随着人们对健康需求的提高，近5年来谷子的价格上涨较大，面积也有较大提升，谷子在很大程度上已发展成为粮食经济作物。

第一节 谷子分布与生产

谷子起源于我国，是我国古老的栽培作物之一。现在世界上谷子分布很广，主要产区是亚洲东南部、非洲中部和中亚等地，以印度、中国、尼日利亚、尼泊尔、前苏联、马里等国家栽培较多。国外谷子作为粮食生产的有印度、日本、朝鲜和东南亚个别国家。谷子在历史上也曾是欧洲的主要粮食作物，现在已很少种植，但在法国、匈牙利等国有鸟饲专用谷子品种栽培。而在美洲、欧洲和非洲的部分地区，谷子多作为饲草栽培。

我国是世界上最大的谷子生产国，年种植面积3 000万亩（15亩 = 1hm^2，全书同）左右，占世界谷子总面积的80%，总产量占世界谷子总产量的85%左右。宁夏回族自治区谷子面积20万亩左右，近年来面积有逐年扩大的趋势。随着谷子优良品种推广和栽培技术改进，提高谷子品质和生产效益成为今后谷子生产的发展方向。

谷子以抗旱节水高效利用氮磷营养和环境友好著称，我国谷子的产量水平一般为200～350kg/亩，但由于种植地区多为丘陵山地，不同地区和年份的谷子产量变化很大。从总体上来说，我国谷子年总产量350万～500万t，消费以国内为主，年出口量在3万～5万t。目前，谷子生产上应用的品种以育成的常规品种和杂交种为主，常规品种占90%左右；也有一些优质的农家品种在生产上应用。

一、制约谷子持续高效发展的因素

（一）干旱对谷子面积扩大的影响

谷子播种一般在4月中下旬。土壤墒情比较好时，多数田块则借墒种植了豆类或胡麻；而当土壤墒情差时，由于干旱对作物出苗会造成较大的影响，多数田块又都等雨种植更加抗旱的糜子、荞麦等，因而对谷子面积的发展受很大影响。

（二）栽培技术制约了谷子生产的发展

谷子是小粒作物，适宜的种植密度在2万~4万苗/亩。由于籽粒小，播量小时种子顶土能力差会影响正常出苗，播量大时需要进行间苗、定苗、拥土等用工量比较大的工作，一定程度上制约了谷子高产性状的体现和面积的扩大。

（三）优势区域不明显，没有专用商品基地

由于没有根据谷子生产特点进行优势区域划分，谷子一直处于无序分散种植状态，优势生产区域不明显，商品基地建设工作滞后。

（四）产品转化增值方式不多

谷子产品的加工企业少，宁夏回族自治区（以下简称宁夏）仅有的几家加工企业几乎都是以谷子碾米为主，深加工的厂家在本区几乎为零，一定程度上制约了谷子面积的增加。

二、谷子产业发展的有利因素

（一）营养价值高

谷子去壳后为小米，除含有蛋白质，粗脂肪外，还含有维生素A、B_1及大量的人体必需的氨基酸和丰富的铁、锌、铜、镁、钙等矿物质。丰富的营养价值决定了其长期存在并深受人们喜爱。

（二）抗逆性强

谷子是耐旱、耐瘠、高产作物，根系发达，能从土壤深层吸收水分。谷子叶面积小，叶脉密度大，保水能力强，蒸发量小，在干旱条件下具有高度的耐旱耐瘠性，在干旱瘠薄的土壤上种植，具有良好的高产稳产性。

（三）谷子是粮草兼用作物

谷草中含有粗蛋白质、粗脂肪、无氮浸出物、钙、磷等，其饲料价值接近豆科牧草。谷糠是畜禽的精饲料。谷子的外壳坚实，能防潮、防热，防虫，不易霉变，可长期保存。

（四）种植谷子比较效益显著

2005年，在河北张家口市下花园区定方水乡武家庄村试种的10亩张杂谷5

号，平均产量 515.4kg/ 亩。其中，示范户武尚明种植的 1.3 亩，平均产量 661.5kg/ 亩。杂交谷子最高单产达到过 810kg/ 亩，创造了国内谷子亩产最高纪录。2012 年，宁夏回族自治区彭阳县引进种植的张杂谷 5 号产量达到 475.38kg/亩，固原市农业科学研究所引进 08 -2 -7 材料产量达到 562.5kg/亩，创造了宁夏谷子单产最高纪录。按宁夏 2013 年谷子收购价格 5.6 元/kg 计算，若亩产能达到 300kg，亩产值即可达到 1 680元，这样的比较效益是其他作物在旱地种植条件下无法可比的。

第二节 谷子的形态特征

一、根

谷子的根属须根系，由初生根、次生根和支持根组成。

初生根也称种子根，是胚根发育而成。种子根只有一条，入土后可长出许多纤细的分枝。种子根入土较浅，主要集中在 20cm 土层内，最深可达 40cm 以上。初生根具有较强的抗旱能力，其健壮与否对抗旱保苗具有十分重要的作用。在苗期干旱条件下，只要种子根不被扯断，幼苗就不会旱死。

次生根又称永久根、地下节根，发生在茎基部各茎节上。从茎基部开始依次向上可生出 6 ~8 层节根，是谷子从土壤中吸收养分和水分的主要器官，次生根的健壮与否直接关系到谷子产量的高低。

支持根又称气生根，着生在靠近地表面 1 ~2 个茎节上。在田间湿润或高培土情况下也可发生 3 层以上。支持根入土较浅，入土后分生侧根，能吸收养分和水分，对防止倒伏有重要作用。在初生根和次生根之间有一段根状茎，称为根茎。根茎长度与播种深度有关。

二、茎

谷子的茎由胚轴发育而成。茎的颜色有绿色和紫色两种，主要由花青素所致。一般品种只有一个主茎。分蘖性品种在地下短缩茎节上产生分蘖；也有一些品种，在地上部茎节上长出分枝。

谷子的茎秆由节和节间组成，呈圆柱形，基部微扁，节间中空或稍有髓。植株主茎高度 1 ~1.5m，茎节数 18 ~25 个。茎基部 6 ~7 个节间密集在一起，称为分蘖节，在其上产生分蘖和次生根。

三、叶

谷子的叶可分为叶身、叶鞘、叶舌、叶枕等部分，无叶耳。叶片是叶的主要部分。除第一片真叶顶端圆钝外，其余叶片狭长扁平呈披针形；叶片上有明显的中脉和其他平行的小脉；表皮有很多茸毛，叶缘向叶尖方向斜生的细刺。叶鞘在叶的下方，包围着茎的四周，两缘重合部分为膜状，边缘着生浓密的茸毛。叶鞘是叶片和茎的通道，起着保护茎秆和输导水分和养分的作用。叶舌是叶身和叶鞘结合处内侧的茸毛部分，能防止雨水进入叶鞘，起保护茎秆的作用。叶枕是叶鞘与叶片相接处外侧稍突起部分。

四、花

谷子的花序属圆锥花序。一个谷穗是由穗轴（主轴）和众多的谷码组成。在穗轴上着生排列整齐的一级分枝（枝梗），在一级分枝上又生出二级和三级分枝。在三级分枝的顶端着生一枚小穗花，每一个小穗花下有 1 ~ 4 个锯刺状的刺毛（刚毛）。三级分枝和其上的刺毛、小穗花一起组成一个谷码。每一个小穗花由两片护颖包被着两朵小花，第一护颖短小，长度仅为小穗长度的 1/3，表面有脉 3 条；第二护颖较大，有脉 5 ~ 7 条。两片护颖之间的两朵小花，其中上位结实，下位退化，退化花只有内稃和外稃。结实小花由内颖、外颖、3 枚雄蕊、1 枚雌蕊组成和二枚鳞片。

谷穗的中轴以及各级分枝的长短不同，形成了谷穗的不同类型。如纺锤形、圆筒形、棍棒形、分枝形、猫爪形等。不同穗形是谷子品种的重要特征标志。

五、果实

谷子的籽粒是一个个假颖果，是由子房和受精胚珠、连同内外稃一起发育而成。去掉内外稃后的籽粒，俗称小米。籽实结构包括皮层、胚和胚乳 3 部分。皮层由不易分离的种皮和果皮组成。胚乳是种子中贮藏养分的部分，由糊粉层和含有淀粉粒的薄壁细胞组成，按照胚乳性质可分为糯性和粳性两种。胚由胚芽、胚轴、胚根组成。

第三节　谷子生长发育对环境条件的要求

一、谷子对温度的要求

谷子是喜温作物，生育期间要求积温 1 600 ~ 3 000℃。谷子在不同生育阶段所需温度也有差异。种子发芽最低温度 7～8℃，最适温度 15～25℃，最高温度 30℃。苗期不能忍耐 1～2℃低温。茎叶生长适宜温度 22～25℃。灌浆期为 20～22℃，低于 15℃或高于 23℃对灌浆不利。

二、谷子对水分的要求

谷子是比较耐旱的作物，蒸腾系数低于高粱、玉米和小麦。苗期耐旱性极强，能忍受暂时的严重干旱，需水量仅占全生育期的 1.5%。拔节至抽穗需水量最多，占全生育期需水量的 50%～70%。此期是获得大穗多花的关键时期，缺水会造成“胎里旱”和“卡脖旱”，因而减少小花小穗数目，产生大量秕谷。开花灌浆期要求天气晴朗，土壤湿润，干旱或阴雨都会影响灌浆。

三、谷子对光照的要求

谷子为短日照作物，日照缩短，促进发育，提早抽穗，日照延长，延缓发育，推迟抽穗。一般出苗后 5～7 天进入光照阶段，在 8～10 小时的短日照条件下，经过 10 天即可完成光照阶段。谷子是 C4（碳四）作物，净光合速率较高。

四、谷子对养分的要求

谷子对氮、磷、钾吸收数量是因地区、品种、产量水平的不同而异，每生产 100kg 谷子大约从土壤中吸收氮 3kg，磷 1.4kg，钾 3.5kg。不同生育阶段，氮磷钾吸收量也不同，一般出苗至拔节期少，拔节至抽穗期多，抽穗至成熟期较少。

五、谷子对土壤的要求

谷子适应性广，耐瘠薄，对土壤要求不甚严格，黏土、沙土都可种植，但以土层深厚，结构良好，有机质含量丰富的砂质壤土或黏质壤土最为适宜。谷子适宜在微酸和中性土壤上生长，喜温怕涝。土壤水分过多，易发生烂根。

第四节 谷子栽培技术

我国农民在几千年种植谷子的实践中积累了极其丰富的经验，创造了很多关于种植谷子的农谚。例如：“谷子种岭坡，穗硬好粒多”“早种年年收，迟种碰年头”“早种一把糠，迟种一把米”“不怕苗子小，就怕坷垃咬”“谷间寸，顶上粪”“人怕老来穷，谷怕卡脖旱”‘晒出米来，淋出秕来”“谷收绿叶黄谷穗”“针扎胡麻卧牛谷”等。

一、轮作倒茬

谷子不宜重茬。若连作，一是病害严重，二是杂草多，三是大量消耗土壤中同一营养要素，使土壤养分失调。因此，必须进行合理轮作倒茬。谷子较为适宜的前茬依次是：豆茬、马铃薯茬、麦茬、玉米茬等。

二、精细整地

秋季深耕可以熟化土壤，改良土壤结构，增强保水能力；加深耕层，利于谷子根系下扎，使植株生长健壮，从而提高产量。秋深耕一般达 20cm 以上，结合秋耕深最好一次施入基肥。春季整地要作好耙耱、浅犁、镇压保墒工作，以保证谷子发芽出苗所需的水分。

近年来，地膜谷子种植面积逐年扩大，利用地膜种植包括膜侧集雨种植、单垄覆膜种植、全覆膜双垄沟种植、残膜隔年种植等。应根据覆膜的需要将地整平整绵，借墒及时进行秋覆膜、早春覆膜。

三、合理施肥

基肥在播种前结合深耕整地一次施入，一般以农家肥为主，高产田以施肥 5 000kg/亩为宜，中产田也应施肥达 2 500kg/亩以上。如将磷肥与农家肥混合沤制作基肥施入效果最好。氮肥做种肥，一般可增产 10% 左右，但用量不宜过多。农家肥和磷肥做种肥也有增产效果。提倡在施足农家肥的基础上开展测土配方施肥。在宁夏现有土壤肥力条件下，建议在中等肥力水平条件下，谷子适宜的施肥比例为 N：P：K = 3：2：1.5；适宜的施肥量为肥力中上地块，尿素 13kg/亩，重过磷酸钙 9.3kg/亩，硫酸钾 6kg/亩；肥力中下地块，尿素 19.4kg/亩，重过磷酸钙 16.3kg/亩，硫酸钾 6kg/亩。

四、选用良种

适宜宁夏原州区大面积种植的有晋谷 43 号、陇谷 11 号、张杂谷 3 号、张杂谷 5 号、张杂谷 6 号、小红谷等。旱地谷子播量一般为 0.5kg/亩左右，播种深度 3～5cm。常规种每亩留苗 2 万～3.5 万株，杂交种减半留苗，每亩留苗1 万～1.5 万株。

五、适期播种

适期播种是保证谷子高产稳产的重要措施之一。本区谷子播种一般在 4 月下旬至 5 月上旬，早熟品种如张杂谷 6 号可播期能够延长到 5 月中旬。耧播或畜力播种机是谷子主要播种方式，但在干旱少雨地区，提倡起垄覆膜膜侧种植或秋覆膜双垄沟种植，以利有效收集雨水、抑制土壤水分蒸发，保证有足够的水分供谷子生长。据研究，采用起垄覆膜膜侧种植谷子（垄宽 + 沟宽 = 40cm + 60cm），产量较传统种植方法增产 36% 以上，值得大力推广。

六、田间管理

谷子籽粒较小，种子所含能量物质较少，加之干旱等原因，容易造成谷田缺苗断垄，因此要加强田间管理。一般在出苗后 2 ~ 3 片叶时进行查苗，5 ~ 6 片叶时进行间定苗。在水肥条件好，幼苗生长旺的田块，应及时进行蹲苗。蹲苗的方法主要在 2 ~ 3 叶时镇压及控制肥水、深中耕等。谷子的中耕管理大多在幼苗期、拔节期和孕穗期进行，一般 2 ~ 3 次。第一次中耕结合间定苗进行，中耕掌握浅锄、细碎土块、清除杂草的技术。第二次中耕在拔节期进行，同时进行培土。第三次中耕在封行前进行，中耕深度一般以 4 ~ 5cm 为宜，中耕除松土除草外，同时进行高培土，以促进根系发育，防止倒伏。

七、防治病虫害

谷子病虫害主要是白发病、粟灰螟、粟叶甲、粟茎跳甲、粟芒蝇、黏虫等，要抓住关键环节，采取综合措施。

彻底清除谷茬、谷草和杂草。因为谷茬、谷草和地边杂草是这些病虫害的主要过冬场所，所以要结合秋耕地，在来年 4 月底前，将这些杂草彻底清除干净，这样可大大减轻病虫害的发生。

轮作倒茬。与马铃薯、豆类、玉米、小麦等作物轮作倒茬 2 年以上。

适当晚播。白发病、粟灰螟等主要为害早播谷子，所以，适当晚播可减轻病虫害的发生。

药剂拌种。先用清水或米汤水将谷种拌湿，再按每 1kg 种子用 5g 量 58% 甲霜灵锰锌可湿性粉剂的比例，将药拌在种子上，然后下种，可有效防治白发病（即看谷老霜霉病）。

撒毒土。6 月上、中旬，用 50% 1605 乳油 100g，加适量水后与 20kg 细土搅拌均匀，每亩撒施毒土 40kg 左右，撒时要对准谷苗撒，撒成一个药带。可防治粟灰螟，减少枯心苗。

及时拔掉枯心苗。一旦发现枯心苗，要立即拔掉，并带出地处烧毁或深埋，以防止粟灰螟在这些枯心苗中长大后，再钻出来危害其他谷子植株。

及时拔掉看谷老、黑穗等谷株。一旦发现谷子植株已成为看谷老或黑穗，要及时将其拔掉，并带出地外烧毁或深埋，以防止这些病菌扩散危害。

虫害防治。防治粟灰螟、蚜虫、玉米螟、黏虫、负泥虫、粟茎跳甲等可用 4.5% 高效氯氰菊酯乳油 1 000 ~ 1 500 倍液、12.5% 溴氰菊酯乳油 1 000 倍液、

20%氰戊菊酯或速灭威乳油2 000倍液、10%吡虫啉可湿性粉剂1 000倍液、48%毒死蜱乳油500～800倍液，任选其一田间喷雾，防治时，田间地头的杂草也要一并喷药。

病害防治。

谷瘟病：用75%三环唑可湿性粉剂1 500倍液或6%春雷霉素可湿性粉剂1 000倍液在发生初期针对下部叶片喷雾，发生严重地块应在7天后连续防治两次。且严重地块在抽穗后应针对穗部集中进行一次防治，预防穗瘟发生。在不能购买到以上药剂的地区可用70%代森锰锌可湿性粉剂500倍液进行喷雾防治。

谷锈病：在病叶率达1%～5%时，用15%的粉锈宁可湿性粉剂600倍液进行第一次喷药，隔7～10天后酌情进行第二次喷药。

褐条病：用72%农用链霉素4 000倍液或20%噻森铜悬浮剂500倍液喷雾，隔7天防治1次，连防2～3次。

纹枯病：用12.5%烯唑醇可湿性粉剂400～500倍液，或用15%的粉锈宁可湿性粉剂600倍液，每亩用药液30kg，在谷子茎基部喷雾防治一次，7～10天后酌情补防一次。

八、收获贮藏

谷子适宜收获期一般在蜡熟末期或完熟期最好。收获过早，籽粒不饱满，谷粒含水量高，出谷率低，产量和品质下降；收获过迟，纤维素分解，茎秆干枯，穗码干脆，落粒严重。如遇雨则生芽、使品质下降。谷子脱粒后应及时晾晒，一般籽粒含水量在13%以下可入库贮存。

九、谷子覆膜栽培技术简介

覆膜种植技术因在地膜覆盖后能显著地减少土壤水分蒸发，使土壤湿度稳定，并能长期保持湿润，有利于根系生长。地膜覆盖具有增温保湿作用，可减少养分的淋溶、流失、挥发，可提高养分的利用率。地膜覆盖在谷子上的应用只是近几年的事情，配合地膜玉米的种植，开始探讨残膜谷子和地膜、膜侧谷子的增产机理和地膜覆盖下种植谷子的可行性。

垄膜覆盖膜侧沟播技术。以50～60cm为一带，垄底宽25～30cm，高10cm，垄间距25cm左右，沟垄相间，垄背覆膜引流，沟内集雨种植。使用覆膜沟播机和35～40cm幅宽、厚0.006～0.008mm薄膜，起垄、覆膜、播种可一次完成。每垄两侧各种一行谷子，沟内共种植2行谷子，宽行距30～35cm，窄行距15～20cm，留苗密度较露地栽培高0.5万～1万株/亩。

平膜覆盖穴播栽培技术。覆膜时不起垄，选用80cm平膜覆盖穴播栽培时的技术要点是用宽超薄膜覆盖。垄面宽 60cm 平膜覆盖穴播时的栽培技术要点是，膜间距 20cm 平膜覆盖，覆膜时间可根据土壤墒情确定。覆膜要紧贴地面，边上用土压实，每隔 4 ~ 5m 压一条土腰带。用谷子点播机点播，每个膜面上种植 3 行谷子。行距 25cm 平膜覆盖穴播栽培技术要点是，穴距 12cm 平膜覆盖穴播，每穴下籽 3 ~ 5 粒，定苗时每穴留苗 2 ~ 3 株，留苗密度较露地栽培高 0.5 万 ~ 1 万株/亩。点播机点播后应及时镇压一次，使种子与土壤完全接触。

全覆膜双垄沟种植技术。全膜双垄覆盖总带宽 1.1m，大垄底宽 0.7m，高 0.1 ~ 0.15m，小垄底宽 0.4m，高 0.15 ~ 0.2m。秋覆膜则在 10 月中下旬覆膜，选用厚度为 0.01mm、幅宽为 1.2m 的耐候地膜。早春顶凌覆膜栽培则选用厚度 0.008mm、幅宽 1.2m 的超薄膜，边起垄边覆膜，膜与膜间不留空隙，两幅地膜相接于大垄面中间，相接处用土压住地膜，每隔 2m 横压一土腰带。覆膜 7 ~ 10 天后在沟内每隔 0.5m 扎一直径 3mm 的渗水孔。采用人工或机械覆膜时要做到铺平、铺正、捂紧、压严、紧贴地面，达到不跑温、不漏气、风揭不动、草顶不开。若为坡地，则按等高线起垄覆膜，并隔 1.5 ~ 2m 横压土腰带 1 条，以防大风揭膜，并防止因土地不平整而形成径流。

全膜覆土穴播技术。选用膜厚 0.008mm、幅宽 1.2m 的抗老化地膜，在膜上均匀覆细土，覆土厚 1 ~ 15cm，每 1.2m 带宽幅播 3 行谷子。在地下害虫严重的地块，覆膜前每亩用 40% 辛硫磷乳油 0.5kg 加细沙土 30kg 拌成毒土撒施，或对水 50kg 喷施。杂草严重的地块，起垄后每亩用 50% 乙草胺乳油 0.1kg 对水 50kg 向地面喷施，喷完 1 垄后要及时覆膜。

十、化控间苗种植技术简介

为解决谷种单粒顶土能力差，依靠群体萌芽才能顶土出苗的问题，山西省农业科学院谷子研究所研究发明了 MND 谷子化控间苗技术。该技术的载体是化控间苗谷种，即用化学制剂 MND 处理的谷种与正常谷种按一定比例混匀后一起播种，播种出苗后，MND 制剂处理的谷种在苗期两叶一心时自然死亡，留下正常谷种的种苗。应用化控间苗谷种栽培技术，能减少谷子间苗用工，保证谷子正常出苗，提高劳动生产效率。但该方法受土质、墒情、土壤肥力、播期影响较大，特别是播种后连续降雨会降低药效。另一方面，实行化控间苗技术时要求整地质量较高，幼苗靠自然淘汰留苗，株距难达均匀。因此，在整地质量不好、特别干旱年份和播后多雨时不宜采用此方法。

第五节 谷子综合利用

当前，谷子以小米粥形式消费占总消费的70%～80%，过去几年有少量的谷子深加工产品上市，但并没有形成市场影响力。随着谷子市场价格的提升，生产趋势由原来一家一户的小田块生产，向大面积合作社、种植大户、公司+农户合作等产业化生产发展是。在华北、东北和西北均出现了很多单户种植面积在500～3 500亩的种植大户或合作社，这种产业化生产对品种、生产技术、加工技术和生产组织等都提出了新要求。除种植形式正在向产业化发展外，近年来也出现了少量的种植、加工、销售一体化的农业合作社或企业。生产和市场形势的变化对谷子在品种产量潜力和品质水平、轻简化栽培技术、大众化食品加工、产业化生产组织等方面均提出了新的要求。

一、营养成分

谷子的食味品质和保健作用在很早以前就已经被人们认识。古人视粟不仅有食饱渡命之功，而且把粟列为美好食物的代表，成为封建王朝的贡品。

谷子去皮后为小米，其粗蛋白质平均含量为11.42%，高于稻米、小麦粉和玉米。小米中的人体必需氨基酸含量较为合理，除赖氨酸较低外，小米中人体必需氨基酸指数比稻米、小麦粉、玉米分别高41%、65%和51.5%，特别是色氨酸含量高达202mg/100g，是其他粮食望尘莫及的。小米的粗脂肪含量平均为4.28%，高于稻米、小麦粉，与玉米近似。其中，不饱和脂肪酸占脂肪酸总量的85%，对于防止动脉硬化有益；小米碳水化合物含量72.8%，低于稻米、小麦粉和玉米，是糖尿病患者的理想食物；小米的维生素A、维生素B_1含量分别为0.19mg/100g和0.63mg/100g，均优于稻米、小麦粉和玉米，较高的维生素含量对于提高人体抵抗力有益，并可防止皮肤病的发生；小米中的矿物质含量如铁、锌、铜、镁均大大超过稻米、小麦粉和玉米，钙含量大大超过稻米和玉米，低于小麦粉，此外还含有较多的硒，平均为71mg/kg，较高的上述矿物质含量具有补血、壮体、防治克山病和大骨节病等作用；小米的食用粗纤维含量是稻米的5倍，可促进人体消化（表）。

表 几种主要粮食8种必须氨基酸含量（氨基酸 mg/100g）比较

（引自：中国预防医学科学院等）

粮食	蛋氨酸	色氨酸	赖氨酸	苏氨酸	苯丙氨酸	异亮氨酸	亮氨酸	缬氨酸
小米	301	184	182	338	510	405	1 205	499
大米	147	145	286	277	394	258	512	481
玉米	149	78	256	257	407	308	981	428
小麦粉	140	135	280	309	514	403	768	514
高粱米	253	—	233	337	661	463	1520	567

小米独特的保健作用在祖国中医学文献中也多有记载，认为小米性味甘、咸、微寒，具有滋养肾气、健脾胃、清虚热等医疗功效。

《本草纲目》："粟之味咸淡，气寒下渗，肾之谷也，肾病宜食之。虚热消渴泄痢，皆肾病也，渗利小便，所以泄肾邪也，降胃炎，故脾胃之病宜食之。煮粥食用宜丹田、补虚损、开肠胃。"认为，喝小米汤"可增强小肠功能，有养心安神之效"。

《滇南本草》："粟米主滋阴，养肾气，健脾胃，暖中。主治反胃、小儿肚虫，或霍乱吐泻、肚疼痢疾、水泻不止。"

《本草拾遗》："粟米粉解诸毒，水搅服之；也主热腹痛，鼻衄，并水煮服之。陈粟米味苦，性寒，主胃热，消渴，利小便，止痢，解烦闷。"

小米熬粥浮在上面的一层米油，营养特别丰富。清代王士雄在《随息居饮食谱》中谓"米油可代参汤"。所以，小米是产妇及老人、病人、婴幼儿良好的滋补佳品。

现代医学认为，饭后的困倦程度往往与食物蛋白质中的色氨酸含量有关。色氨酸能促使人的大脑神经细胞分泌出一种使人欲睡的血清素——"5－羟色胺"。它可使大脑思维活动受到暂时抑制，人便会产生困倦感。小米富含色氨酸，且还含极易被消化的淀粉，进食小米食品后，能使人很快产生温饱感，促进人体胰岛素的分泌，进一步提高进入人脑内色氨酸的数量。所以，小米是一种无药物副作用的安眠食品。

由于小米具有上述营养品质，所以小米是孕妇、儿童和病人的良好营养食物，这已为全世界所公认。因此，发展谷子生产符合未来食物结构调整的要求。

小米除作为粮食供人们食用外，还可以酿酒、制糖、加工糕点和方便食品。

二、民间食补方

感冒。小米60g，大葱头5个，一起煎汤频服，服后盖上被子发汗。

产后口渴。小米适量，清水淘洗净，加水适量熬成粥，加红糖调味食用。

脾胃虚弱所致腹泻。小米100g，怀山药25g，大枣8个，加水适量，熬粥食用。

消渴（糖尿病）。《食医心镜》记载：用小米做饭，食之效果良好。

小儿消化不良。小米、怀山药适量，一起研成末，熬成糊后加适量白糖食用。

治汤火灼伤。《崔氏纂要方》记，取小米炒黄，加水，取澄清汁，煎熬如糖饴，多次涂之，可止痛，灭瘢痕。也可取小米250g生炒，研末后，酒调敷创面。

小儿久泻。小米适量，用小火炒黄，加水煮成粥，加红糖调味食用。

妇女妊娠黄白带。小米、黄芪各30g，加水熬粥食用。

三、风味食品

谷子籽粒产量的85%左右可用作人类食粮，且主要以原粮形式消费；其余10%左右用作饲料，5%用于食品类加工等。目前以小米为主料研制成功的产品有：小米酥卷、小米营养粉、米豆冰淇淋、小米方便粥、小米锅巴等。

四、产品出口

目前，谷子（小米）出口尚无统一标准，一般根据用途如食用和饲用等来确定。东南亚一般主要进口食用小米，欧美主要进口饲喂鸟类的谷穗或谷粒。供人食用小米要求色泽鲜黄、整齐一致、无杂质、适口性好、很少或不施用化肥和农药；饲用谷子以谷粒或谷穗为主，用于饲喂自然保护区或个人饲养的鸟类，一般要求谷粒色泽鲜艳（红、黄或白），无杂粒和杂质，千粒重3.0g以上。谷穗要求刺毛较短以防刺伤鸟类眼睛，粒色鲜艳便于鸟类发现，还要求谷穗较长便于挂在树上，一级谷穗长10英寸以上，二级谷穗长8英寸以上（1英寸=2.54cm），同时要求含水量适中，谷粒整齐无破损，并装箱运输。

第六节　适宜宁夏种植的谷子品种

一、晋谷43号

山西省农业科学院高寒作物研究所选育。

生育期125天，绿苗，株高127.3cm，纺锤型穗，稍紧，穗长22.2cm，穗重19.2g，穗粒重16.7g，出谷率83.9%，千粒重4.00g，黄谷黄米。经2003—2004年品种区域试验鉴定，该品种抗倒性为1级，1级耐旱，抗谷锈病、谷瘟病、纹枯病、白发病、线虫病，黑穗病发病率为2.34%，红叶病为0.25%，虫蛀率为0.5%。

该品种2003—2004两年区域试验平均亩产344.2kg，比统一对照大同14号增产7.43%，居参试品种第一位，2004年生产试验平均亩产270.3kg，比统一对照的大同14号增产8.42%，居第三位。经农业部谷物品质检测中心检测，小米含粗蛋白10.25%，粗脂肪4.37%。

经全国谷子品种鉴定委员会鉴定，该品种符合国家谷子品种鉴定标准，通过鉴定。建议在山西北部、甘肃、宁夏中南部、河北张家口坝下春播，注意防治黑穗病。

二、陇谷11号

甘肃省农业科学院作物研究所选育（认定编号：甘认谷2009001）。

陇谷11号是以8519-3-2为母本、DSB98-6为父本杂交选育而成，原代号9931-2-1-2。该品种成株绿色，株高127.8cm，茎粗1.15cm，主茎可见节数12.5节。穗长棒形，穗码较紧，刚毛短。穗长26.9cm。单株穗重32.9g，穗粒重26.2g，千粒重4.1g，单株草重32.0g，出谷率79.6%。黄谷黄米，米质粳性。出米率81.8%。含粗蛋白1.61%，粗脂肪4.64%，赖氨酸0.36%。抗旱性较强，抗倒伏，抗谷子黑穗病。2007—2008年多点试验，平均亩产280.95kg，较陇谷6号增产8.68%。

春播4月20日前后，最迟不能迟至5月上旬。一般田块2.5万~3.0万株/亩，高水肥条件地区可控制在3.0万~3.5万株/亩。适宜在甘肃、宁夏海拔1 900m以下谷子产区种植。

三、张杂谷3号

河北省张家口市农业科学院、中国农业科学院作物科学研究所选育。2005年全国谷子品种鉴定委员会鉴定通过（国鉴谷2005007）。

张杂谷3号为抗除草剂F1杂交种，组合名称“A2×148-5”。生育期125天，绿苗，株高112.4cm，棍棒型穗，松紧适中，穗长23.4cm，穗重19.2g，穗粒重16.0g，出谷率82.0%，千粒重3.23g，黄谷黄米。2003—2004年国家谷子品种区域试验鉴定，该品种抗谷锈病，谷瘟病、纹枯病、白发病、线虫病，耐旱性为1级，红叶病、黑穗病发病率分别为0.25%和3.49%，抗倒性为3级。旱肥地种植建议留苗密度2.0万～2.5万株/亩，中等肥力地块亩留苗2万株左右。该品种根系发达，抗倒伏，丰产潜力大，要注意平衡施肥，施足底肥，以利增产。生产上宜早间苗、适时定苗，以培育壮苗。对田间虫害应及早预防，及时防治。有条件的地方可在干旱时浇灌，以利增产增收。

注意："张杂谷3号"为杂交种，只可种一代，不能留种！否则将大幅度减产。

四、张杂谷5号

河北省张家口市农业科学院选育的谷子两系杂交种。2005年在全国小米鉴评会上评为一级优质米。

绿苗绿鞘，生育期125天，单秆无蘖。成株茎高118.7cm，穗长32cm，穗粗2.0cm，棍棒穗型。单株粒重29.1g，千粒重3.1g，出谷率74.8%，谷草比为1.51，白谷黄米。表现抗逆性较强，高抗白发病，线虫病。抗旱、抗倒、适应性强、高产稳产、米质特优适口性好。最高亩产600kg。该杂交种增产潜力大，要求生育后期肥水供应充足。

株行距13.3cm×26.6cm，播种深度2～3cm。留苗密度，中上等地2.5万株/亩，下等地1.5万株/亩。亩施尿素30kg，其中：拔节期10kg，抽穗期追15kg，灌浆期结合浇水5kg。适宜于≥10℃积温2 800℃以上地区有水浇条件的地块种植。

注意："张杂谷5号"为杂交种，只种一代，不能留种！否则将大幅度减产。

第二章 糜子栽培技术

第一节　糜子在我国国民经济中的地位

糜子耐旱、耐瘠薄，是我国北方干旱、半干旱地区主要栽培作物，生长期与雨热同步，在多数年份水分不是限制糜子生产潜力的主要因素。糜子的叶片含水率、相对含水量和束缚水含量等水分指标高，表现出有利于抵御干旱条件的水分饱和度。数量充足的自由水对生理过程酶促进生化反应起重要作用。蒸腾速率低，束缚水在温度升高时不蒸发，可以减轻干旱对植物的危害。糜子种子发芽需水量仅为种子重量的25%，在干旱地区当土壤湿度下降到不能满足其他作物发芽要求时，糜子仍能正常发芽，在禾谷类作物中耗水量最低，用水最经济。

糜子生育期短，生长迅速，是理想的复种作物。在我国北方冬小麦产区，麦收后因无霜期较短，热量不足，不能复种玉米、谷子等大宗作物，一般复种生育期短、产量较高的糜子，且复种糜子收获后不影响冬小麦的播种。糜子还是救灾、避灾、备荒作物。糜子对干旱条件的适应性和忍耐性在防范农业种植业风险，提高农业防灾减灾能力上起着十分重要的作用。糜子品种生育期可塑性比较大，可以播种后等雨出苗，也可以根据降雨情况等雨播种，是重要的避灾作物。糜子生长发育规律与降水规律相吻合的特点，使其在生育期内能有效增加地表覆盖，强大的须根系对土壤起到很好的固定作用。由于覆盖降低了地表风速，从而减轻或防止风蚀，同时，还能起到减轻雨滴冲击、阻止地表水径流的作用，使更多的水浸入地下，减少水土流失。另外，覆盖还可以防止地表板结，提高土壤持水能力，从而起到良好的水土保持作用。在遭受旱、涝、雹灾害之后，充分利用其他作物不能够利用的水热资源，补种、抢种糜子，可取得较好收成。

糜子籽粒脱壳后称为黄米或糜米，其中糯性黄米又称软黄米或大黄米。加工黄米脱下的皮壳称为糜糠，茎秆、叶穗称为糜草。自古以来，糜子不仅是北方旱作区人民的主要食物，也是当地家畜家禽的主要饲草和饲料。

糜子在宁夏粮食生产中虽属小宗作物，但在南部干旱山区具有明显的地区优势和生产优势。特别是在原州、西吉、盐池、同心、海原、彭阳等干旱、半干旱地区，从农业到畜牧业，从食用到加工出口，从自然资源利用到发展地方经济，糜子都占有非常重要的地位。

第二节 糜子分布与生产

我国糜子栽培历史悠久，分布范围很广。北从内蒙古自治区（以下简称内蒙古）海拉尔（北纬 49°18′），南到海南的琼海（北纬 19°15′），南北跨度 30°纬度；东从黑龙江的同江、虎林（东经 143°），西至新疆维吾尔自治区的哈巴河、阿图什、喀什（东经 76°），东西跨度 67°经度；垂直分布由海拔 200m 的山东日照到西藏自治区海拔 3 000m 的扎达、普兰，落差 2 800m，几乎全国各省、区、市都有栽培。主产区集中在我国长城沿线地区，常年种植面积约 100 万 hm^2，居世界第二位。我国包头、东胜、榆林、延安一线（东经 110°）以东地区主要栽培糯性糜子，向东延伸粳性糜子种植的数量越来越少，该线以西地区以栽培粳性糜子为主。

糜子是汉代西北地区的主要作物之一。我国西夏、明、清地方史志中均有糜的记述，分为白糜、红糜、青糜、黄糜、黑糜、黏糜等。据《［乾隆］宁夏府志》记载，清朝前期，宁夏糜子有红、黄、青、白 4 种，“食主稻、稷，间以麦”。1978 年，盐池县张家场汉墓出土的陶仓中，“盛有糜谷，颗粒完整，保持甚好”，而且有白色、黄色、红色品种之分，说明至少在汉代，糜谷已是宁夏种植的主要粮食作物。

宁夏糜子主要分布在南部山区的原州、西吉、彭阳、海原、同心、盐池等县（区），以粳性为主，部分地区有种植糯性糜子的习惯。常年种植面积 90 万 ~ 105 万亩，干旱年份面积会直线上升。平均占粮食作物播种面积的 16.8%，最高年份可达 20.4%。通过对固原市 22 年粮食生产统计数字的分析，粮食作物面积和产量的变异系数分别为 10.79% 和 32.0%，而糜子面积和产量的变异系数分别为 17.70% 和 22.5%。如果考虑糜子只在旱地种植的实际情况，该变异系数还会发生较大的变化。粮食作物总的播种面积相对比较稳定，而糜子播种面积的变动则比较大，说明糜子生产本身是不稳定的，但其产量比粮食作物总产量相对稳定，说明了糜子以其自身面积的不稳定保证了宁夏南部山区粮食产量的相对稳定。对于十年九旱的宁南山区而言，在干旱年份，糜子对稳定当地粮食总产量，稳定解决当地粮食安全有十分重要的作用。这些地区糜子的丰歉，不仅影响人民群众生活，也直接影响畜牧业的发展。

20 世纪 50 年代初，宁夏糜子面积 150 万亩左右，到 20 世纪 60 至 70 年代达到 195 万亩，其中，宁南山区 140 万亩左右，宁夏平原 52 万亩左右。宁夏平原的单种糜子于 20 世纪 60 年代初开始减少，主要为复种。1978 年以后，糜田面积逐渐缩减。1988 年，宁夏全区糜田面积为 101. 1 万亩，1990 年为 96. 65 万亩，1995 年为 124. 05 万亩，2005 年为 77. 85 万亩。糜子从 1995 年后主要种植在山区，宁夏平原糜子面积已经很少。据 2005 年调查，按栽培面积顺序排列为海原县、同心县、盐池县、彭阳县、西吉县、原州区、隆德县、泾源县。

在我国糜子栽培生态区划中，根据栽培特点、无霜期、气温、海拔、降水量、积温等因素，将我国糜子产区划分为 7 个大区，包括：东北春糜子区，华北夏糜子区，北方春糜子区，黄土高原春、夏糜子区，西北春、夏糜子区，青藏高原春糜子区和南方秋、冬糜子区。2007 年，农业部发布了特色农产品区域布局规划建议，包括陕西、甘肃、宁夏、内蒙古、山西、河北、黑龙江等省区 55 个县（旗）被列入糜子特色农产品区域布局规划区。宁夏列入糜子特色农产品区域布局规划的县包括盐池、同心、海原、原州、西吉、彭阳。

宁夏糜子以粳性为主，类型多样复杂，侧穗型居多，千粒重较高，籽粒以黄色、红色为主，糯性品种的面积较小。从种植区划看，隶属于两个种植区域。宁夏盐池县、同心县、海原县属于北方春糜子区，糜子在当地粮食生产中所占的比重较大，地位显得十分重要，是我国糜子主产区之一。以春播为主，春小麦收获后夏播复种糜子也有一定比例。南部山区的彭阳县、西吉县、原州区属于黄土高原春、夏糜子区，本区常年降水在 400mm 以上，但春旱严重，降水多集中在夏秋两季，糜子以春播为主，少部分地区可以夏播。隆德县、泾源县也划入黄土高原春、夏糜子区，但由于六盘山小气候的影响，降水量比较丰沛，糜子的栽培面积已经很小。

第三节 糜子科研成就

糜子在我国属于小作物，虽研究起步较早，但科研长期处于比较落后的状态。

20 世纪 40 年代，陕甘宁边区延安光华农场和绥远省（内蒙古）狼山试验场就开始糜子地方品种资源的收集整理工作，筛选出了狼山 462、米仓 155 等品种。20 世纪 50 年代至 70 年代，我国糜子研究和生产发展十分缓慢，从事研究的人员很少，为数不多的研究单位也仅是从收集、整理地方品种入手进行系统选育和简单的栽培技术研究。1983 年 4 月，国家开展糜子品种资源征集入库工作，成立了全国糜子品种资源协作组，第一次开展了全国科研单位糜子研究协作工作。当时，全国 18 个省（区）30 多个科研单位 90 多名专家、教授和研究人员参加到了糜子品种资源、遗传育种和栽培研究中。品种资源入库工作结束后，由于支持经费匮乏，大批从事糜子研究的人员选择了转行和离岗，许多省（区）的糜子研究工作出现了停滞或减少。至 2000 年，坚持从事糜子研究的只有宁夏固原市农业科学研究所、甘肃省农业科学院粮油作物研究所、山西省农业科学院高寒作物研究所、陕西省榆林市农业研究所、内蒙古鄂尔多斯市农业科学研究所、西北农林科技大学等为数不多的单位。2000 年以来，随着人们健康意识的提高和干旱对农业生产影响的加剧，糜子在抗旱、保健领域的作用越来越重要，糜子越来越受到社会的关注。2010 年后，随着国家现代农业产业技术体系的启动，全国从事糜子研究的单位已经从 2000 年的 6 个增加到近 20 个，几乎所有种植糜子的省（区）都又一次开始了糜子的研究工作，研究深度也从单纯的品种选育和栽培技术研究扩展到抗旱基因定位、节水农业、保护地栽培、优质基地建设、产业开发等多个方面。

第四节 糜子抗旱机理

糜子是我国北方干旱半干旱地区主要制米作物之一，营养丰富，品质优良，是药食同源的营养保健产品。长期以来，由于多种因素的影响，这一种植历史悠久、为中华民族繁衍生存作出巨大贡献的作物一直没有得到足够的重视。一个古老的作物，一个被忽视的作物，能够在我国北方干旱、半干旱地区这样顽强地生存，一定有其独特的优势和特殊的适应能力。

一、糜子的生物学耐旱性

糜子的耐旱性表现在 3 个方面。

（一）用水经济

同一糜子品种在7个年度内的蒸腾系数范围为162～443，平均为266.9；同一品种在同一年内不同地点的蒸腾系数为151～280，气候越干燥糜子的蒸腾系数越大。通用的数据，糜子的蒸腾系数为255.12。糜子的蒸腾系数虽随品种、环境条件而变化，但在禾谷类作物中，糜子的蒸腾系数是最低的，这说明糜子是最能经济地利用水分的一个谷类作物。张锡梅在《糜谷抗旱性比较研究初报》中描述："糜子植株的水分代谢类型：水分饱和度高，耗水经济，用水效率高（干旱条件下尤为明显），较谷子更适应干旱"。

（二）吸水力强

糜子发芽只需吸收种子本身重量25%的水分，这与谷子发芽需水基本一致。固原市农业科学研究所试验结果：播种层土壤水分保持在8%，糜子即能发芽；播种层土壤水分达到12 %，糜子可整齐地发芽出苗，这与群众中总结的糜子种黄墒的经验基本一致。糜子可以吸收土壤中几乎不能被吸收的水分，在旱象出现时，糜子的根苗比低于谷子，但旱象较轻，说明糜子靠它并不发达的根系，可以吸收较多的水分，以供生长发育之必需。

（三）耗水较慢

糜子叶片气孔多生于背面，遇旱则自动关闭，减缓热腾，使体内水分相对稳定。糜子受旱后，叶片卷曲，在短期内还可停止生长，但遇雨恢复生长后，对产量影响较小。这一特性，在我国北方干旱、半干旱山区以旱为主的变化无常的气候条件下，有十分重要的意义。

二、糜子的植物学抗旱性

糜子的根属须根系，由种子根和次生根组成，种子根和次生根在抗旱中起关键作用。种子根生长迅速，一般每天可伸长超过2cm。当糜子地上部分只有3～4片叶时，种子根已能入土40～50cm，因此，糜子在苗期具有较强的抗旱能力。次生根由分蘖节形成，全株最多可达80条以上，平均12～15条。次生根大量分布在土壤中70～90cm处，个别可深达120～130cm。按分布面积计算，它比燕麦、大麦和春小麦都大，仅次于玉米。此外，糜子根的输导组织发达，能从土壤中吸收别的作物不能利用的水分。糜子根的这些结构和发育特点，使其具有很强的吸水能力，是糜子具有高度抗旱能力的重要原因之一。糜子茎叶有明显而浓密的茸毛，通常见到的情况是，越是干旱的地区，品种的茸毛就越多；反之，越是茸毛多的品种，也就越能适应更为干旱的气候。

三、糜子的物候学抗旱性

在我国北方糜子主要产区，普遍存在降雨量少、降雨时空分布不均匀的问题，多数地区降雨都主要集中在 7 ~ 9 月。如何充分利用雨季有限的降水，是一个值得研究的问题。在风沙丘陵区和黄土丘陵区，5 ~ 6 月降水量有了明显增加，达到 35 ~ 40mm，此时，正值糜子播种期和幼苗期，对水分需求相对较小，较少的水分即可满足其发芽、出苗的需要。7 ~ 9 月进入本区多雨季节，糜子进入拔节至开花灌浆期，需水量开始增加，与降水季节分布吻合性良好。

王玉玺利用瓦尔特气象图，对宁夏南部山区糜子、小麦对水分的供需关系进行了分析，结论为：春小麦需水曲线与降水及旱象正好呈反向关系，糜子需水曲线与降水及旱象正好呈同向关系，说明糜子比春小麦更能有效地利用当年水分。

四、糜子在干旱区稳产性分析

以宁夏南部山区为例，粮食作物总播种面积比较稳定，而糜子播种而积则变动较大，其变异系数分别为 10.79% 和 17.7%。糜子产量的变异幅度也较粮食总产量的变异幅度大，其变异系数分别为 32% 和 22.5%。糜子面积和产量的变异系数约为粮食作物总变异系数的 1.5 倍，说明糜子生产是不稳定的。进一步分析，粮食总产量的变异系数为粮食总面积变异系数的 2.2 倍，而糜子总产量的变异系数则为糜子总面积变异系数的 1.8 倍，说明糜子本身产量要比粮食作物总产量稳定。

对陕北定边、清涧县和宁南固原、海原县各种作物的产量变动规律进行分析，也得出类似的结论。在这些地区，粮食作物的产量水平依次为：薯类 > 糜子 > 谷子 > 杂豆 > 小麦 > 夏杂粮，而变异系数大小次序正好相反，夏粮的平均变异系数为 55.0% ~74.7%，而秋粮平均变异系数为 36.0% ~62.7%。秋粮作物，特别是薯类、糜谷、杂豆等小杂粮作物较夏粮表现出明显的高产、稳产特征，充分说明了其生态适应性的优劣。需要说明的是，水浇地上很少种糜子，如果不计算水地，糜子在旱地粮食生产中的高产、稳产系数可能还要大些。

上述分析表明：糜子在我国北方干旱、半干旱地区粮食生产中占有重要的地位，部分地区在个别年份起着主导作用；糜子产量和面积变异系数之间的比例较小，说明糜子比较稳产；糜子产量和面积的变异系数大于粮食作物的变异系数，说明糜子在生产上只起一种补偿作用，在一定程度上起着一种救灾作用。它以自身面积的不稳定，保证了粮食生产的相对稳定。

五、糜子生产潜力分析

糜子属典型的节水耐旱型作物，同时具备避旱的特性，很适宜在黄土丘陵热量较低的地方和干旱风沙区种植。由于糜子具有很强的耐旱力和一定的增产潜力，发展前景十分广阔。

（一）限制糜子高产的主要因素

占劣地，种下茬。糜子多种植在干旱、半干旱区旱地，水地几乎无糜子，歇地几乎无糜子，豆茬几乎无糜子。恶劣的生产条件对提高糜子产量的影响是显而易见的。

吃不饱。山旱地普遍肥料不足，有限的农家肥又优先照顾夏粮，种植糜子几乎不使用化肥，使糜子的单产一直保持在一个相对较低的水平。

科学研究工作滞后，新品种、新技术推广速度慢。

品种混杂退化。糜子良种繁殖和提纯复壮工作几乎停顿，种子部门很少经销糜子种子。

麻雀危害严重。不少地方虽知糜子高产，但无法对付麻雀，只好不种。

（二）发展糜子生产的有利因素

因干旱形势日益加剧，农业节水压力逐年增加，种植业结构调整需要高水分利用率的作物。

农村温饱基本解决，人们更加重视食物的安全性、多样性和营养性，糜子正由过去的粮食生产向经济作物生产转变。近年来，糜子收购价格呈直线上升趋势，单价从过去的 1.2 元/kg 上升到 2013 年的 3.6 元/kg，2014 年更是上升到 4.0 元/kg，而且产品量少，收购困难。

近年来，糜子简化栽培、高产栽培技术研发有了突破性进展，加上群众积累的丰富的种植糜子的经验，为糜子生产奠定了雄厚的群众基础。

有丰富的地方品种资源和糜子新品种保证。在地方品种中，大黄糜子、紫秆红糜子是较好的农家品种，红糜子是较好的搭配品种，小黄糜子、小黑糜子是较好的救灾品种。近年来，通过育种工作者不懈的努力，育成了一批高产、抗旱、优质、早熟系列品种，包括宁夏的宁糜系列品种，甘肃的陇糜系列品种，内蒙古的伊糜、内糜系列品种，山西的晋黍系列品种，陕西的榆糜系列品种，黑龙江的龙黍系列品种等，比农家种增产幅度大，品质好，有很好的推广前景。

有一批高产典型。如陕西省榆林市 2008 年开展糜子高产创建活动，在府谷县千亩山旱地取得了 243.2kg/亩的产量，最高单产达 299.8kg/亩。固原市农科所 2008 年糜子高产创建活动，在特别干旱年份，旱地糜子产量达到224kg/亩，历年试验阶段创造过 500kg/亩的高产纪录。

对麻雀有传统的生物防治经验。利用鹞子防治麻雀，省时、省事、环保、安全。西北地区有传统的放鹞子防止麻雀危害的技术，应推广应用。

第五节　糜子的形态特征

糜子是一年生草本第二禾谷类作物，全株由根、茎、叶、花序、颖果（种子）等几部分构成。现代研究认为，糜子包括黍子和稷子，糯性为黍，粳性为稷，黍、稷类型与籽粒中直链淀粉含量有关，种子的粳、糯性与植株形态和穗分枝没有直接关系。1987 年出版的《辞海》中描述："圆锥花序较密，主轴弯生，穗的分枝向一侧倾斜的为黍型（*P. miliaceum* var. *contractum*）即黍子；圆锥花序密，主轴直立，穗分枝密集直立的为黍稷型（*P. miliaceum* var. *compactrm*）即糜子；圆锥花序较梳，主轴直立，穗分枝向四面散开的为稷型（*P. miliaceum* var. *effusum*）即稷"。这种按花序和穗轴形态进行分类的方法，将糜子分为黍型（黍子）、黍稷型（糜子）、稷型（稷）的方法是完全错误的。

一、根的形态结构

糜子的根系为须根系，各条根的粗细差异不大，呈丛生状态，由种子根（胚根）和次生根（节根）组成。种子根是糜子种子胚中的幼根，在种子萌动发芽时，种子根首先突破种皮后生长形成。由于种子根是最早形成的根，因此又称初生根。种子根只有一条。节根着生在茎节间分生组织基部。生长在地下茎节上的称为地下节根或次生根，生长在地上茎节上的称为地上节根或支持根、气生根。

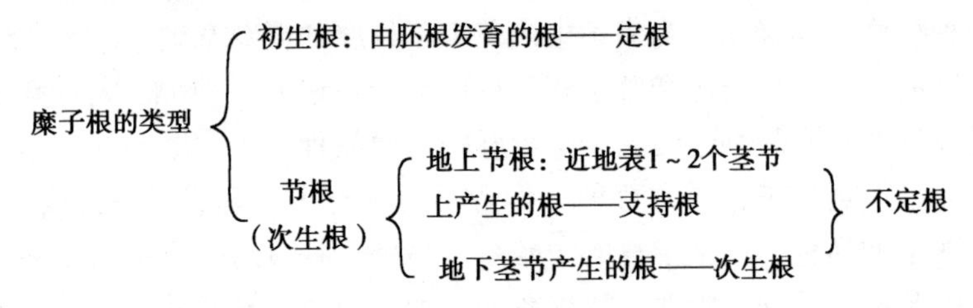

糜子的胚根垂直向下生长，平均每天可伸长 2cm 以上，当植株达到 3～4 叶时，胚根的入土深度能达到 40～50cm。胚根入土后长出许多白色的纤细分枝，随着胚根的生长和老化变为褐色或黑褐色。由胚根发育的初生根在糜子幼苗出土后起主要的吸收作用，具有很强的抗旱能力。糜子幼苗期出现干旱时，只要初生根没有受到伤害被破坏，幼苗就不会由于干旱而死亡。

糜子根系入土较浅，入土深度80～100cm，扩展范围100～150cm。主要根群分布在20～50cm土层内，其中，以0～20cm土层内的根系最多。据测定，糜子在0～10cm土层中的根系重量占全根重量的79.6%。

糜子的根尖长1～2cm，是根生长、伸长和水分、养分吸收及初生组织发育的主要部位，由根冠、分生区、伸长区和成熟区组成。对根尖进行解剖，可分为表皮、皮层、内皮层、中柱鞘、韧皮部和木质部几个部分。与其他作物相比，糜子的厚壁组织特别发达，各种根的厚壁组织占的比例较大，而薄壁细胞很少，且皮层厚度一般不超过根半径的一半。这种木质化结构有利于根长期存在而不腐烂，还可以减少根本身水分的流失。木质化细胞壁含有大量的亲水胶体，有较大的衬质势，有利于吸收土壤中水势很低的水分。

糜子的根系不仅担负着吸收、运输养分和水分以及支持植株的作用，而且具有一定的合成能力。土质、土壤养分和水分状况、土地盐碱化程度、整地质量、种子的生活力强弱等因素都对根系的发育有很大的影响。

二、茎的形态结构

糜子的茎分为主茎、分蘖茎和分枝茎，由胚芽发育而成。一般情况下有一个主茎和1～3个分蘖茎。分蘖茎由分蘖节上的腋芽发育而成。一些早熟品种，还能在地上茎节上产生分枝茎。

糜子分蘖茎和分枝茎多少与品种类型、土壤水分、肥力及种植密度有关。一般植株可产生1～5个分蘖，在干旱稀植的条件下，最多可达20个以上，但一般只有1～3个分蘖可以发育成穗。分枝是在主茎圆锥花序出现后才形成的，一般早熟品种分枝较多，晚熟品种分枝较少。同一植株上的分枝成熟很不一致，籽粒不饱满，结实率低，因此在生产上要适当控制分蘖和分枝，防止无籽穗和秕粒。

糜子为直立茎，其茎高因品种、土壤、水分、气候和栽培条件不同而有很大差异。矮秆类型品种株高只有30～40cm；高秆类型品种株高可达200cm以上，茎粗5～7mm，茎壁厚1.5mm或更厚。茎秆由若干节与节间组成，每个节上生长一片叶子，茎节数与叶片数在7～16节（片）范围内变化。地下有3～5个茎节，节间非常密集，为分蘖节，地上有5～11个茎节。节间数目的多少与品种特性、土壤肥力和播种早晚有关。茎色分绿色和紫色两种，多数茎秆表面都着生着大量的茸毛。糜子茎秆着生的茸毛多少对糜子抗旱性、抗风沙能力及抗病虫能力非常重要，是糜子抗性强弱的重要性状。

拔节前，糜子幼苗的茎是实心的，由密集的茎节组成，成熟后大部分茎变为空心。解剖发现，糜子的茎由表皮、基本薄壁组织、维管束和髓部等几部分构

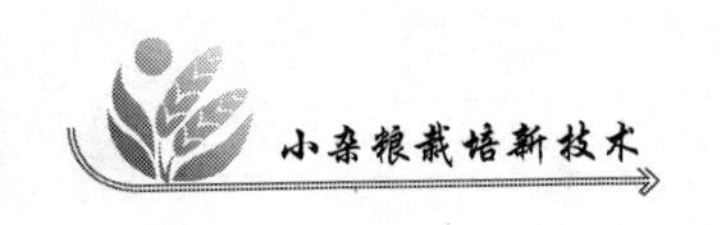

成。糜子茎的输导组织特别发达，维管束排列为四圈，因此，对大气干旱和土壤干旱有更好的适应性。

糜子成熟茎的维管束为外韧性维管束，有一圈由较小细胞组成的鞘，两个大的后生导管形成“V”字形两臂，其尖部为 2～3 个大型原生导管，已出现空腔，维管束两端无厚壁组织。

三、叶的形态结构

糜子为单子叶植物，叶由叶片、叶鞘、叶舌、叶枕等部分组成。叶互生，无叶耳。

叶片是叶的主要部分。除第一片真叶顶端稍钝呈椭圆形外，其余叶片均呈条状披针形。由于中脉比支脉短，以致叶片边缘呈波浪型，但也有边缘是平直的。叶片的上下表皮及叶鞘表面都有浓密的茸毛。叶鞘在叶片的下方，包围着茎的四周，两缘重合部分为膜状，边缘着生浓密的茸毛。叶舌是叶鞘与叶片接合处内侧的茸毛部分，能防止雨水、昆虫和病原孢子落入叶鞘内，起保护茎秆的作用。叶枕是叶鞘与叶片相接处外侧稍突起的部分。叶片和叶鞘的颜色分为绿色和紫色。

糜子的每一茎节都着生一片叶子，全株出生的叶片为 7～16 片，与茎节数一致。发生在不同节位上的叶片大小、形状不同。初生叶叶片较小，长宽为10cm×1.2cm，这部分叶片随着幼苗和根系的生长在早期枯黄脱落。后生叶较宽大，长宽一般为 20cm×1.5cm，寿命较长，一直可维持到糜子成熟。此外，发生在不同节位上的叶片也因中脉长短程度不同而有差别。

糜子叶片表皮由长形细胞、短形细胞、泡状细胞、表皮毛和气孔等组成。表皮细胞主要为长形细胞，也有少量的短细胞。上表皮还有一些被称为运动细胞的泡状细胞。运动细胞液泡大，细胞壁厚，深入叶肉约 1/2，有控制叶面水分蒸腾的作用。在天气正常和水分充足状态下，运动细胞吸水膨胀，使糜子叶片保持正常展开状态；天气干旱，大气干燥，水分不足时，由于运动细胞失水，体积变小，会使叶片向上卷曲，减少叶片蒸腾面积，降低植株蒸腾强度，增加糜子抗旱能力。

糜子叶片维管束排列较紧密，单个维管束较大。除外鞘细胞外，还有一圈由较小厚壁细胞组成的内鞘。木质部有 2～3 个导管，呈“V”字形。一般，单位长度上有 9 个维管束，比玉米（11.9 个）少；维管束间距离为 134.0μm，比玉米（102.6μm）大；每个维管束直径约 110.7μm。

四、花序与花的形态结构

糜子花序为圆锥花序，一般称穗子，由主轴和若干分枝组成（表 2－1）。主轴直立或弯向一侧，长 15～50cm，成熟后下垂。分枝呈螺旋形排列或基部轮生，分枝上部形成小穗，小穗上结种子，一般每穗结种子 1 000～3 000粒。分枝呈棱角形状，上部着生小枝和小穗。分枝多少与生长发育条件有关，一般最多有 5 级，其中，1 级分枝 10～40 个。分枝有长有短，有的光滑或稍有茸毛并有弹性。分枝与主轴的位置是相对稳定的。根据糜子花序分枝长度、紧密度、分枝角度和分枝基部的叶关节状结构的有无，我国将糜子穗形分为散穗型（*P. miliaceum* var. *effusum*）、侧穗型（*P. miliaceum* var. *contractum*）、密穗型（*P. miliaceum* var. *compactrm*）3 种类型。

表 2－1 糜子穗型特点

类 型	散穗型	侧穗型	密穗型
分枝与主轴角度	≥45°	<35°	<35°
分枝与主轴相对位置	多在周围，有的分枝细长，顶部向一方下垂	分枝在主茎的一侧	分枝在主轴的周围
主轴方向	直立或稍弯曲	主轴弯曲	主轴直立或略显弯曲
分枝长度	分枝较长	分枝长	分枝短
花序密度	稀疏	较密	密集
分枝基部突起物	明显	不明显	没有

糜子花序颜色分绿色和紫色两类。紫花序类型其茎叶也常常带有紫颜色。紫色系花青素所致，花青素在 F_1 代是显性性状，在杂交育种中常作为 F_1 代淘汰假杂种的标志性性状使用。

糜子的小穗为卵状椭圆形，长 4～5mm，颖壳无毛。小穗由护颖、内外颖和数朵小花组成。护颖有两片、护颖内一般有 2 朵小花（个别有 3 个完全花出现），其中：一朵小花发育不完全，另一朵为完全小花。雄蕊有 3 个花药，雌蕊有 2 个羽状柱头，3 个花药紧抱 2 个柱头。糜子成熟花粉粒为圆球形，直径 48μm 左右，外形与小麦、水稻等禾谷类作物相似，比水稻大，与小麦相近。开花时，由花序顶端逐步向基部开放，由穗主轴开始逐步向一、二级侧枝过渡。

五、籽粒的形态结构

糜子果实由受精后的子房发育而成。由于果皮和种皮连在一起不易分开，故生产上统称种子或籽粒，植物学上称颖果。

糜子粒形有球形、长圆形、卵圆形 3 种。粒长 2.5～3.2mm，宽 2.0～2.6mm，厚 1.4～2.0mm，千粒重 3～10g。粒色有黄、红、白、黑、褐、灰、复色等，米色有深黄、浅黄等色。

糜子种子由皮层、胚和胚乳3部分组成。

皮层包括果皮和种皮两部分，重量占种子总重量的5%～7%。皮层和浮壳合称为皮壳，占籽粒总重量的15%～20%，具有保护胚和胚乳的作用。皮壳率高低与品种关系密切。

胚乳占种子重量的75%～80%，由糊粉层和淀粉组成。由于糜子胚乳中所含的淀粉结构不同，可以分为粳性和糯性。粳性糜子胚乳角质，所含淀粉除支链淀粉外，还含有一定比例的直链淀粉，遇碘呈蓝黑色反应；糯性糜子胚乳组织疏松，粉质、无光泽，直链淀粉很少（一般不超过2%），主要为支链淀粉，并有少量糊精和麦芽糖，遇碘呈紫红色反应。

六、幼苗的形态

在适宜的温度、水分、氧气条件下，成熟的糜子种子萌动发芽，胚根向下生长形成初生根，第一片真叶突破胚芽鞘伸出，形成糜子的幼苗系统。

胚根鞘突破种皮被称为“露白”，露白后，胚芽鞘也破皮而出。当胚芽长度达到种子长度的一半，胚根与种子等长时称为“发芽”。

田间适宜的条件下，糜子种子播种后3天左右长出种子根，种子根又叫胚根，伸入土壤后，其上生长出纤细的根毛。种子根伸长5～10天后，支根开始发育，形成初生根系，负担起吸收水分和养分的功能。种子根生长的同时，白色或紫色的膜状胚芽鞘伸出地面，保护幼芽出土。糜子的第一片真叶顶端较钝，叶片小而厚，上下宽窄相近，与后来形成的叶片有明显的差异。

第六节　糜子生长发育对环境条件的要求

一、糜子的生育特点

严格地讲，种子的生命始于受精生成合子，受精过程的结束，便是新生命的开始，种子的萌发只是一粒有生命的种子由休眠状态重新进入旺盛生命活动的过程。农业生产上，一般以种子的播种为开始，种子成熟收获为结束，视为糜子的全生育期。田间试验中，为了便于记载，将出苗至成熟记载为糜子的生育期。无论是农业生产过程还是试验研究阶段，习惯将糜子从萌发到新的种子形成视为一个生命周期。

糜子的生育期无论长短，其一生都要经过一系列特征特性的变化，包括种子的萌发、出苗、分蘖、拔节、孕穗、抽穗、开花、灌浆、成熟等过程。通过这些过程，才能完成糜子根、茎、叶、花、果实的发育和形成。糜子的一生中，包括了营养生长阶段、营养生长和生殖生长并进阶段、生殖生长阶段3个过程。不同的生育时期反映了不同器官分化形成的特异性和不同的生长发育中心，反映了不同生育时期生育中心的转变和对环境条件不同的要求。了解了这些特性和不同生育时期糜子对环境条件的要求，就可以根据糜子在不同时期的生育特点进行合理的栽培管理，对提高糜子产量和品质有十分重要的作用。

糜子是短生育期作物。糜子特早熟品种生育期一般在65天以下，早熟品种一般为66~80天，中熟品种为81~95天，晚熟品种为96~110天，特晚熟品种为111天以上。生产上多用中熟品种，抗旱避灾、救灾和复种需要时，特早熟和早熟品种应用较多。

糜子是喜温作物。糜子种子发芽的适宜温度为20~30℃，最高温度为40℃。植株最适宜的生长温度为35℃，根系最适宜的生长温度为25℃，开花最适宜的温度为24~30℃，灌浆期最适宜的温度为20℃。

糜子是短日照作物。短日照条件下，糜子植株发育进程加快，表现为生育期缩短，植株变矮；长日照条件下，糜子植株发育进程变慢，表现为生育期延长，植株变高。

糜子是抗旱作物。糜子是禾谷类作物中的节水能手，耗水量最低，抗旱能力最强，用水最经济。以糜子的蒸腾系数（255.12）为100计算，则主要禾谷类作物的蒸腾系数分别是：谷子（257.00）为107，高粱（276.39）为114，玉米（337.62）为131，大麦（494.93）为194，小麦（533.20）为209，燕麦（556.16）为218。

糜子是耐瘠作物。糜子能在各种土壤上种植，特别是在新垦荒地上种植糜子也能获得较好的收成。与其他禾谷类作物相比，每生产100kg籽粒，糜子所需吸收的氮、磷、钾数量较少，还能吸收土壤深层其他作物难以吸收的土壤养分。

糜子是耐盐碱作物。糜子的耐盐碱能力显著高于高粱、玉米、小麦、马铃薯、大豆等作物。一般糜子品种都可以在含盐量0.3%的盐碱地生长，耐盐糜子品种能在含盐量0.5%~0.7%的盐碱地生长并抽穗结实。

二、糜子对生态条件的要求

糜子对土壤的要求。《齐民要术》里这样记载："凡黍穄（穄）田，新开荒为上，大豆底次之，谷底为下……"糜子对土壤的适应能力较强，不同质地的土壤都可以种植糜子。即使在新开垦的荒地上，其他作物不能适应时，糜子也能很

好地生长。但由于糜子种子小，在粘性土壤种植容易造成坷垃压苗，导致出苗不整齐。同样，糜子生育的后期根系活力减弱，忌积水与过湿，低洼易涝地种植应起垄开沟，注意排水。糜子耐盐能力强，资料介绍，在黑龙江省土壤全盐含量不超过0.2%～0.25%，宁夏地区硫酸盐盐土不超过0.21%，甘肃省硫酸盐氯化物不超过0.42%的土地上，糜子都能正常生长，在其他禾本科作物不能很好生长的盐碱地上也能很好地生长。据辽宁省鉴定，主要作物的耐盐能力为：稗子>向日葵>蓖麻>棉花>糜子>高粱>玉米>小麦>马铃薯>大豆。

糜子对水分的要求。糜子虽然抗旱，但在关键时期对水分也十分敏感。糜子的抗旱性主要在生育早期，前期干旱一般对糜子产量的影响不十分明显。农谚有“不怕旱苗，只怕旱籽”“小苗旱个死，老来一包籽”等说法，正是对糜子苗期抗旱能力的经验总结。糜子在不同生育阶段对干旱的反应不同，三叶期受旱减产9%左右，拔节期受旱减产24%，抽穗期受旱减产55%，灌浆期受旱减产69%，说明糜子需水的敏感期在抽穗和灌浆期。

糜子对温度的要求。糜子发芽的最低温度为6℃，在6～25℃的范围内，随温度的增高发芽率提高，之后随温度的增高发芽率下降，超过40℃不发芽。温度不仅影响糜子种子的发芽势和发芽率，对其发芽速度也有影响。研究认为，在8～20℃的范围内，随温度下降，开始发芽日数和发芽日数增加，在25～40℃范围内，开始发芽日数和发芽日数基本相同。温度升高，幼芽生长速度加快，在8℃时，日平均生长速度为0.05cm，当温度上升到35℃时，日平均生长速度可达到1.03cm。在适宜的温度条件下，糜子发芽势强、发芽率高，幼芽生长速度快、出苗快，有利于全苗、壮苗。

糜子不耐寒，在-2～-1℃时，幼苗、叶片易冻伤，-4～-3℃时植株全部死亡。冻害程度不仅与温度高低有关，也与低温持续的时间有关。糜子有较强的耐热性，可以忍受38℃左右的高温，当气温超过42℃时，糜子的发育才会受到影响。

糜子对光照的要求。糜子是短日照作物，要求黑暗时间长、光照时间短的光周期条件。在满足其营养生长的条件下，短日照可以明显促进糜子生殖生长。糜子的光周期反应不是贯穿在全生育过程中，而只是在其幼穗分化形成前的某些阶段。此外，糜子的光周期还与温度密切相关。低温对短日照感应有抑制作用，可以使糜子光反应通过的时间延长，发育延缓，延长生育。一般来说，高纬度、高海拔地区的糜子品种，出苗至抽穗时间的长短主要受积温的影响，而低纬度、低海拔地区的糜子品种发育的迟早、快慢，出苗至抽穗时间的长短，主要受控于自然光周期变化的感应。

三、糜子不同生育时期对环境条件的要求

出苗期。在适宜的温度条件下，糜子一昼夜即可发芽。因糜子品种生育期差异较大，播种时间也有很大的差异，因此，播种时土壤温度变化也比较大。一般情况下，随着温度的升高，种子的发芽势、发芽率逐渐提高，播种至出苗的时间逐渐减少。春季播种的出苗时间长，播期越迟出苗时间越短。

拔节期。糜子是喜温作物，不同的温度对糜子的器官分化、生长有很大的影响。糜子拔节与品种、播期、气候条件都有关系。一般情况下，拔节时间出现在出苗后20~40天，因品种、播期、气温的不同而变化。高温能促进糜子生长发育，加快节间伸长速度，但同时也使茎节数减少，所以，春播糜子的主茎节数一般多于复播糜子。一定的高温条件可以促进糜子根、茎、叶等器官的生长，使营养生长和生殖生长的速度加快。由于水分对糜子茎节伸长有十分重要的影响，因此，拔节初期蹲苗能有效增加糜子抗倒伏的能力。

抽穗期。糜子幼穗发育完成后，从顶叶的叶鞘中抽出，这就是抽穗期。适宜糜子抽穗的温度为20~30℃。抽穗后，糜子的生长中心转向生殖生长。在温度、土壤水分适宜时，糜子抽穗速度快而整齐。和其他作物一样，干旱高温情况下容易出现“卡脖旱”，会造成严重减产。

开花期。糜子在抽穗后3~5天开始开花，开花时间一般延续10~20天。开花时间基本集中在每天的10：00~15：00。适宜的开花温度为24~30℃。其中，以温度26~28℃，空气相对湿度50%~60%时开花最为适宜。阴雨天不开花，外部机械力的作用能促使糜子提前开花。干旱高温对开花十分不利，会严重影响花粉生活力，造成大量的空壳。

灌浆期。糜子开花授粉后很快完成受精作用进入灌浆期。糜子适宜的灌浆温度在20℃左右，灌浆速度快慢是不同品种千粒重差异比较大的主要原因。此外，灌浆时间长短对整穗增重的作用明显。同一品种，在适宜的温度水分条件下，增重速度快，增重时间长，单穗粒重就大。若灌浆期气温偏低，会明显降低增重的速度，从而导致穗重降低。同一品种在不同的时期播种，由于对单穗粒重的影响较大，产量会有较大的差异。而晚播、低温等因素导致减产的主要原因是因为粒数的减少引起的。改善土壤水分状况，虽然对增加千粒重的作用不是十分明显，但对增加穗粒数，提高单穗增重速度具有十分重要的作用，是提高糜子产量的重要途径。

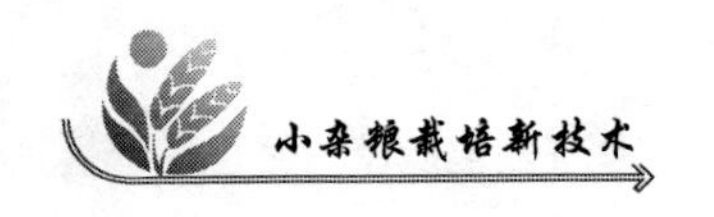

第七节　糜子栽培技术

一、轮作制度

轮作也叫换地倒茬，是指同一田块在一定的年限内按一定的顺序轮换种植不同作物的方法。农谚有“倒茬如上粪”“要想庄稼好，三年两头倒”的说法，说明了在作物生产中轮作倒茬的重要性。根据不同作物的不同特点，合理进行轮作倒茬，可以调节土壤肥力，维持农田养分和水分的动态平衡，避免土壤中有毒物质和病虫草害的危害，实现作物的高产稳产。糜子抗旱、耐瘠、耐盐碱，是干旱、半干旱区主要的轮作作物。

糜茬的土壤养分、水分状况都比较差。糜子多数种植在瘠薄的土地上，很少施用肥料；糜子吸肥能力强，籽实和茎杆多数被收获带离农田，很少残留，缺上加亏，致使糜茬肥力很低；糜子根系发达，入土深，能利用土壤中其他作物无法利用的水分进行生产，土壤养分、水分消耗大，对后作生产有一定的影响。

糜子忌连作，也不能照茬。农谚有“谷田须易岁”“重茬糜，用手提”的说法，说明了轮作倒茬的重要性和糜子连作的危害性。糜子长期连作，不仅会使土壤理化性质恶化，片面消耗土壤中某些易缺养分，加快地力衰退，加剧糜子生产与土壤水分、养分之间的供需矛盾，也更容易加重野糜子和黑穗病的危害，从而导致糜子产量和品质下降。因此，糜田进行合理的轮作倒茬，选择适宜的前作茬口，是糜子高产优质的重要保证。

豆茬是糜子的理想前茬，研究认为，豆茬糜子可比重茬糜子增产46.1%，比高粱茬糜子增产29.2%。豆茬中，黑豆茬比重茬糜子增产2倍以上，黄豆茬比重茬糜子增产32%。

豆科牧草与绿肥能增加土壤有机质和丰富耕层中氮素营养及有效磷的含量，改善土壤理化性质，提高土壤对水、肥、气、热的供应能力，降低盐土中盐分含量和碱土中pH值，使之更适合于糜子生长，是糜子理想的前茬作物。

马铃薯茬一般有深翻的基础，土壤耕作层比较疏松，前作收获后剩余养分较多；马铃薯是喜钾作物，收获后土壤中氮素含量比较丰富；马铃薯茬土壤水分状况较好，杂草少，尤其是单子叶杂草少，对糜子生长较为有利。马铃薯茬种植糜子，较谷子茬增产90.3%，较重茬糜子增产24.3%。马铃薯茬也是糜子的良好前茬。

除此以外，小麦、燕麦、胡麻、玉米等也是糜子比较理想的茬口，在增施一定的有机肥料后，糜子的增产效果也比较明显。在土地资源充分的地区，休闲地种植糜子也是很重要的一种轮作方式，可以利用休闲季节，接纳有限的雨水，保证糜子的高产。

一般情况下，不提倡谷茬、荞麦茬种植糜子。

全国各地自然生态条件不同，作物布局差异很大，糜子轮作制度也有很大的差异。在宁夏糜子产区，主要的糜子轮作制度有：糜子→荞麦→马铃薯；豆类（或休闲）→春小麦→糜子；春小麦→玉米→糜子→马铃薯；小麦→胡麻→糜子等轮作方式。

二、耕作、施肥技术

糜子抗旱、耐瘠、耐盐碱，具有适应性强、生育期短的特点。在作物布局、轮作倒茬中具有十分重要的作用，在抗旱避灾、食粮调剂、饲草生产上的作用更大。据《固原县志》记载，早在100多年前，宁南山区就有“禾草”“鬼拉驴”（糜子混种荞麦）等间套复种的组合方式。固原、彭阳一带还保留着麦豆收获后复种糜子的种植方式。

（一）整地

宁夏糜子主要分布在宁南山区干旱、半干旱区，几乎全部种植在旱地，土壤水分完全依靠降雨资源。冬春雨水少，苗期水分大部分依靠秋季土壤接纳的雨水来保证。要保证糜子获得全苗，做好秋雨春用、蓄水保墒是关键。因此，在整地的过程中，要坚持“二不三早一倒”的原则：“二不”指“干不停，湿不耕”。伏秋耕地时，宁愿干犁，决不湿耕，防止形成泥条泥块，影响晒垡和土壤蓄水；“三早”指早耕、早耱、早镇压。糜子多种植在夏茬地，应该做到“早耕早耱，随耕随耱，三犁三耱”，耕地不出伏，冬春勤镇压，接纳夏秋雨水，提高土壤保水蓄水能力；“一倒”主要指犁地和翻土的方向要内外交替进行，犁地的走向应相互交叉，保证犁通、犁细、犁深。

1. 深耕

在秋作物收获之后，应及时进行深耕，深耕时期越早、接纳雨水就越多，土壤含水量也就相应增加，早深耕土壤熟化时间长，有利于土壤理化性质的改良。研究表明，不同时期深耕0~25cm，土壤含水量随深耕时期的推迟而减少，8月下旬深耕，翌年4月土壤含水量为13.2%，而9月下旬深耕，翌年4月土壤含水量为10.2%，早耕与迟耕含水量相差3%。

2. 耙耱

宁夏南部山区春季多风，气候干燥，土壤水分蒸发快，耕后如不及时进行耙

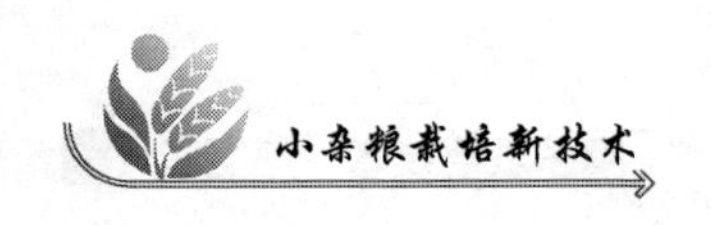

耱，会造成严重跑墒，所以，耙耱在春耕整地中尤为重要。据调查，春耕后及时耙耱的地块水分损失较少，地表10cm土层的土壤含水量比未进行耙耱的地块高3.5%，较耕后8h耙耱的地块高1.6%。

3. 镇压

镇压是春耕整地中的又一项重要保墒措施。镇压可以减少土壤大孔隙，增加毛细管孔隙，促进毛细管水分上升，与耱地结合还可在地面形成干土覆盖层，防止土壤水分的蒸发，达到蓄水保墒目的。播种前如遇天气干旱，土壤表层干土层较厚，或土壤过松，地面坷垃较多，影响正常播种时，也可进行镇压，消除坷垃，压实土壤，增加播种层土壤含水量，有利于播种和出苗。但镇压必须在土壤水分适宜时进行，当土壤水分过多或土壤过粘时，不能进行镇压，否则会造成土壤板结。

（二）施肥

糜子虽有耐旱、耐瘠的特点，但要获得高产，必须充分满足其对水分和养分的要求。土壤肥力水平与土壤蓄水保墒能力呈正相关。保证一定的土壤肥力，不仅是满足糜子生产对养分的需要，也对增加糜子田间土壤水分十分重要。每生产糜子100kg籽实需从土壤中吸收氮1.8～2.1kg、磷0.8～1.0kg、钾1.2～1.8kg，正确掌握糜子一生所需要的养分种类和数量，及时供给所需养分，才能保证糜子高产。糜子吸收氮、磷、钾的比例与土壤质地、栽培条件、气候特点等因素关系密切。对于干旱瘠薄地、高寒山地，增施肥料，特别是增施氮磷肥是糜子丰产的基础。最新研究表明，糜子施肥N：P：K=9：7：4为宜，施肥应以基肥为主，基肥应以有机肥为主。用有机肥做基肥，不仅为糜子生长发育提供所需的各种养分，同时还能改善土壤结构，促进土壤熟化，提高肥力。结合深耕施用有机肥，还能促进根系发育，扩大根系吸收范围。有机肥的施用方法要因地制宜，充足时可以全面普撒，耕翻入土，也可大部分撒施，小部分集中施。如肥料不足，可集中沟施或穴施。一般情况下，高产糜子田应施农家肥2 000kg/亩以上，同时基施磷酸二铵10kg/亩。播种时溜施尿素5kg/亩，做到种肥隔离，防止烧芽。拔节后抽穗前，结合降雨，撒施尿素5kg/亩。适量施用锰、硼和钼可以显著提高糜子的产量和品质。

三、播种技术

播种前视土壤墒情进行浅耕（倒地）灭草。立夏后根据土壤墒情随时准备播种。

1. 种子处理

为了提高种子质量，在播种前应做好种子精选和处理工作。糜子种子精选，首先在收获时进行田间穗选，挑选那些具有本品种特点、生长整齐、成熟一致的大穗保藏好作为下年种子。对精选过的种子，特别是由外地调换的良种，播前要做好发芽试验，一般要求发芽率达到90%以上，如低于90%，要酌情增加播种量。种子处理主要有晒种、浸种和拌种3种。晒种可改善种皮的透气性和透水性，促进种子后熟，增强种子生活力和发芽力。晒种还能借助阳光中的紫外线杀死一部分附着在种子表面的病菌，减轻某些病害的发生。浸种能使糜子种子提早吸水，促进种子内部营养物质的分解转化，加速种子的萌芽出苗，还能有效防治病虫害。药剂拌种是防治地下害虫和糜子黑穗病的有效措施。播前用药、水、种子按1∶20∶200比例的农抗"769"或用种子重量0.3%的"拌种双"拌（闷）种，对糜子黑穗病的防治效果在99%以上。

2. 适时播种

糜子是生育期较短、分蘖（或分枝）成穗高、但成熟很不一致的作物。播种过早，气温低、日照长，使营养体繁茂、分蘖增加，早熟而遭受鸟害；播种过晚则气温高，日照短，植株变矮，分蘖少、分枝成穗少、穗小粒少、产量不高，因此在生产中糜子应适时播种。其播种期与种植的地区、品种特性和各地气候密切相关。宁夏南部山区糜子播种一般考虑在早霜来临时能够正常成熟为原则，老百姓常用"挣命黄"来形容糜子成熟时的特点，即在早霜来临时糜子刚好能够成熟。宁南山区糜子根据不同的地区和品种，掌握播种时间的一般原则为：单种地区，年均温6～7℃半干旱区5月中旬至6月中旬等雨抢墒播种，年均温≥7℃地区5月中旬至7月上旬有雨均可播种。复种时要做到及时整地，尽早抢种，墒情好的时候可以茬地直接播种。

3. 播种方法

在宁夏南部山区糜子产区，糜子以条播为主，部分地区为抢时间播种还有撒播的习惯。采用条播时，用畜力牵引的三腿耧播种，行距20～25cm。耧播省工、方便，在各种地形上都可进行。其优点是开沟不翻土、深浅一致、落籽均匀、出苗整齐、跑墒少。在春旱严重，墒情较差时，易于全苗。播种深度对糜子幼苗生长影响很大。糜子籽粒胚乳中贮藏的营养物很少，如播种太深，出苗晚，在出苗过程中易消耗大量的营养物质，使幼苗生长弱，有时甚至苗出不了土，造成缺苗断垄。所以，糜子以浅播为好，一般情况下播深以4～6cm为宜。但在春天风大、干旱严重的地区，播种太浅，种子容易被风刮跑，播种深度可以适当加深，同时注意适当加大播种量。

4. 播种量与密度

由于糜子产区多分布在干旱半干旱地区，糜子获得全苗较难，所以播种量普遍偏多，往往超过留苗数的5~6倍，使糜子出苗密集，加之宁南山区无间苗习惯，容易造成苗荒减产。因此在做好整地保墒和保证播种质量的同时，应适当控制播种量。宁夏南部山区属干旱半干旱区，土壤瘠薄，留苗密度对糜子获得高产十分重要。一般春播留苗6万/亩左右。肥力较好，降雨量较大的地区，留苗密度可适当增加，以8万/亩为宜。宁南山区糜子种植最大密度不能超过10万/亩。

糜子播种量主要根据土壤肥力、品种、种子发芽率、播前整地质量、播种方式及地下害虫危害程度等来确定。如种子发芽率高、种子质量、土壤墒情、整地质量好及地下害虫少时，播种量可以少些，控制在1kg/亩左右。如果春旱严重，播量应不少于1.2kg/亩，最多不能多于1.5kg/亩。

四、田间管理

查苗补种，中耕除草。糜子播种到出苗，由于春旱和地下害虫为害等原因，易发生缺苗断垄现象，因此要及时进行查苗补种。幼苗长到一叶一心时及时进行镇压增苗，促进根系下扎，有条件的时候在4~5片叶时进行间定苗。糜子幼芽顶土能力弱，在出苗前遇雨容易造成板结，应及时采用耙耱等措施疏松表土，保证出苗整齐。糜子有“糜锄三遍自成米”的说法，所以，中耕对糜子尤为重要。糜子生育期间一般中耕2~3次，结合中耕进行除草和培土。

病虫害防治。糜子主要病害是黑穗病，一般选用50%多菌灵可湿性粉剂，或用50%苯来特（多菌灵），或用70%甲基托布津可湿粉剂，用种子量的0.5%拌种，可有效防止病害发生。虫害主要是蝼蛄、蛴螬，一般采用药剂拌种、毒饵诱杀和药剂处理土壤等方法防治。可用50%辛硫磷乳油或40%甲基异硫磷乳油按种子重量的0.1%~0.2%比例拌种，先加水2~3kg，稀释后喷于种子上，堆闷2~4小时后播种；也可于整地前每公顷用2%甲基异硫磷粉剂或10%辛拌磷粉粒剂30~45kg，混合适量细土或粪肥20~30kg，均匀撒施地面，随即浅耕或耙耱，使药剂均匀分散于10cm土层里。糜子出苗后，如遭蝼蛄危害，可用麦麸、秕谷、玉米渣、油渣等做饵料，先将饵料炒黄并带有香味后，加4%甲基异硫磷乳油或50%对硫磷乳油50~100g，再加适量的水制成毒饵，在傍晚或雨后撒施，每公顷30kg左右，均能收到很好的效果。

麻雀（*Passer montanus*）是对糜子危害十分严重的鸟类。其危害主要集中在糜子成熟季节，一般在6：00~10：00和16：00~19：00在糜田觅食。阴天多，晴天少，12：00~14：00很少出来。由于麻雀是《国家保护的有益的或者有重要经济价值、科学研究价值的陆生野生动物名录》中的一般保护动物，传统的网捕、毒杀、胶粘法在使用的时候已值得商榷。防止麻雀危害除采用人工驱赶外，利用其天敌鹞子进行驱逐效果很好。鹞子属鸟纲、鹰科、鹞属，为肉食性鸟类。雌雄羽色不同。雄鸟体长约45cm，头、颈带灰色，背部灰色，下体白色泛青。雌鸟体长约50cm，上体深褐色，下体浅褐色，缀有斑点。鹞子必须经过人工驯化后才可以使用。

适时收获。糜子成熟期很不一致，穗上部先成熟，中下部后成熟，主穗与分蘖穗的成熟时间相差较大，加之落粒性较强，收获过晚易受损失。适时收获不仅可防止过度成熟引起的“折腰”，也可减少落粒的损失，获得丰产丰收。一般在穗基部籽粒用指甲可以划破时收获为宜。由于霜冻会引起糜子落粒，收获前要注意收听天气预报，保证在早霜来临前及时收获。糜子脱粒宜趁湿进行，过分干燥，外颖壳难以脱尽。

第八节 糜子综合利用

一、营养成分

蛋白质与氨基酸。黄米中蛋白质含量相当高，特别是糯性品种，含量一般在13.6%左右，最高可达17.9%。糜子籽粒中人体必需的8种氨基酸的含量均高于小麦、大米和玉米，尤其是蛋氨酸含量，每100g小麦、大米、玉米分别含140mg、147mg和149mg，而糜子含量达299mg，是小麦、大米和玉米的2倍多。

淀粉、脂肪与维生素。糜子籽粒淀粉含量在70%左右，其中糯性品种为67.6%，粳性品种为72.5%。粳性品种淀粉中直链淀粉的比例比糯性品种高，糯性品种中直链淀粉含量很低，仅为淀粉总量的0.3%，优质的糯性品种不含直链淀粉，而粳性糜子品种中直链淀粉含量为淀粉总量的4.5%~12.7%，平均为7.5%。糜米中脂肪含量比较高，平均为3.6%，高于小麦粉和大米的含量。糜子籽粒中还含有多种维生素，其中，每100g中含维生素E 3.5mg、B1 0.45mg、B2 0.18mg，均高于大米。

无机盐与微量元素。糜子籽粒中常量元素钙、镁、磷及微量元素铁、锌、铜的含量均高于小麦、大米和玉米。每100g籽粒中镁的含量为116mg，钙的含量为30mg，铁的含量为5.7mg。糜子经过加工，可制成老人、儿童和患者的营养食品，在其他食品中添加糜子面粉，可提高营养价值。

食用纤维。糜子籽粒中食用纤维的含量在4%左右，高于小麦和大米。食物纤维素被营养学家誉为神奇的营养素，是膳食中不可缺少的成分。纤维素具有良

好的润肠通便、降血压、降血脂、降胆固醇、调节血糖、解毒抗癌、防胆结石、健美减肥等重要生理功能，它还能稀释胃肠里食物中的药物、食品中的添加剂以及一些有毒物质，缩短肠内物质通过的时间，降低结肠内压，减少肠内有害物质与肠壁的接触时间，降低肠内憩室及肿瘤的发病率。特别是它能使粪便提前1/5~1/3时间排出体外，从而减少了随饮食进入消化道内的霉菌素及高致癌物亚硝铵的吸收。另一方面，纤维素还能与饱和脂肪结合，防止血浆胆固醇的形成，从而减少胆固醇沉在血管内壁的数量，有利于防止冠心病的发生。

二、保健功能

《内经》《本草纲目》等书中记述，糜子性味甘、平、微寒、无毒，不仅具有很高的营养价值，也有一定的药用价值，是我国传统的中草药之一。据《名医别录》记载：稷米“入脾、胃经”，功能“和中益气、凉血解暑”。煮熟和研末食，主治气虚乏力、中暑、头晕、口渴等症。黍米“入脾、胃、大肠、肺经”，功能“补中益气、健脾益肺、除热愈疮”，主治脾胃虚弱、肺虚咳嗽、呃逆烦渴、泄泻、胃痛、小儿鹅口疮、烫伤等症。

糜子光滑、无毒，具有冬暖夏凉、松软、流动支撑不下陷、透气功能好等特点。糜子垫有按摩作用，可舒筋活络，预防毛细血管脆弱所诱发的出血症，促进皮肤的血液循环，减少褥疮的发生。糜子褥垫较预防压疮使用的所谓各种高科技床，如缓释气囊褥垫、交替压力气垫、水垫、翻身床、按摩器等设备的预防效果更好，经济实惠，具有很好的推广价值。

体外实验表明，糜子提取物对HMG-Co酶有显著的抑制作用，而此酶为体内胆固醇合成的限速酶，对这种酶的抑制提示，此提取物有可能开发为降血脂保健食品。

糜子有滑润散结之功，且取材方便，价格低廉，服用简单，无毒副作用，在治疗急性乳腺炎中的应用效果好，疗效佳，值得推广应用。

蒙医中利用糜子“整胃法”治疗“胃下垂”，通过糜子胃部按摩排空胃内容物，调整胃肠蠕动力量，改善胃部血液循环，增加胃平滑肌的收缩能力，达到治疗的目的。

三、风味小吃

糜子及糜子面可以制作多种小吃，风味各异、形色俱佳、营养合理、食用方便，制作历史悠久。例如：茶汤、驴打滚、炸糕、枣糕、浸糕、年糕、连毛糕、糕斜儿、清真酥香糖、汤团、粽子、摊花、煎饼、窝窝、火烧、油馍、酸饭、糜子粉、炒米、糜面杏仁茶等。

茶汤是著名小吃，500 多年前就有“翰林院文章，太医院药方，光禄寺茶汤，武库司刀枪”的谚语。驴打滚又称豆面糕，主料是粘黄米面，加水蒸熟后，沾上黄豆粉面擀成皮，抹上赤豆沙馅卷好，切块，撒上白糖即成。炒米抗饥饿，易保管，不易变质，是牧区牧民生活中不可缺少的食品，可以干吃、泡开水吃、拌奶子吃，还可以煮着吃。用糜子面制作的各种糕类食品是糜子产区老百姓的主要膳食之一。糜子小吃种类多，营养价值高，但多数都停留在农家餐桌上。如何变区域性美食为全民族美食，使地区性食品服务于全人类，是值得研究的课题，也具有美好的开发前景。

四、加工利用

糜米中碳水化合物的含量非常高，经过水解能产生大量还原糖，可制造糖浆、麦芽糖。糜子制作的糖别有风味，特点是香、脆、耐存放。在宁夏南部山区，用糜子制作的糖浆、麦芽糖等产品畅销市场，但工艺仅限于传统经验，没有形成规模化生产和经营。

糜子籽粒外层皮壳有褐（黑）、红、白、黄、灰等多种颜色，可提取各种色素，是食品工业中天然的色素添加剂。

糜子是酿酒的好原料，糜子酒是中华传统名酒，古书多有记载，春秋即有“黍可制酒”之说。宁夏金糜子酒就是以糜子为原料酿制而成，出酒多且酒味香醇。在固原杨郎地下多处发现酒窖，知名酒坊即有永盛城、广盛和、福盛统、同太祥等。宁夏固原金糜子酒业有限责任公司以糜子为主要原料酿制的系列糜子酒，味正而纯，继承和发扬了神州传统工艺，可以视为一大贡献，已经成为名副其实的固原特产和宁夏特产。

糜子可制作饮料，中药中常用的黄酒就是用糜子制成的，它含有多种氨基酸和维生素，营养和药用价值很高。据测定，黄酒中含有 14 种氨基酸，总酸量为 1.24 ~ 1.5g/100mL，总糖量为 21.5 ~ 124mg/100mL。如果对传统的黄酒生产技术加以科学改进，可以制成黄酒系列营养保健饮料。

糜子的籽粒及其副产品都可作为饲料，如米糠、颖壳及秕粒，其蛋白质、脂肪和碳水化合物都有一定含量，是西北地区耕牛的主要饲草。据分析，糜子青干草含蛋白质 10.3%，脂肪 3.5%，碳水化合物 48.1%，是幼龄耕畜的专用青贮料。糜子可作为一年生牧草栽培，一年可以收割多次，既可以晒制成干草，又可以青贮。

糜子的花序经人工脱粒可做笤帚，特别是穗分枝细长的侧穗品种，扎小笤帚优于其他帚用作物。

糜子粉熟羊皮，糜子米面洗皮袄，能使皮面柔软光洁。

黄米培养物霉菌的生物学性状类似于侵染飞虱、叶蝉、蚜虫的飞虱虫霉致死的虫尸，而且其产孢潜能和有效产孢时间长于天然虫尸，可作为虫霉防虫传播源并成为天然虫尸的模拟场。也就是说糜子可以做生产生物农药的载体来生产无公害防治飞虱、叶蝉、蚜虫的生物农药。

糜子是营养保健食品，又是良好的鸟禽饲料，目前国际市场需求量不断增加，充分发挥糜子资源优势和生产优势，开发深加工项目，扩大外贸出口，是糜子综合利用的重要途径之一。

五、商品质量

糜子商品是指糜子正常成熟后收获的籽粒，要求具有本品种固有色泽、气味以及营养品质。

根据糜子籽粒粳糯性将糜子分为粳、糯两类。

根据糜子籽粒颜色分为红糜、白糜、黄糜、褐（黑）糜、灰糜和复色糜6种，一般商品分为三级（表2－2）。

表2－2　糜子等级质量标准

等级	千粒重（g）	异色粒（%）	粳糯互混（%）	不完善粒（%）	杂质（%）	水分（%）	色泽气味
1	≥7.6	≤3.0	≤3.0	≤1.0	≤1.0		
2	≥6.6	≤5.0	≤5.0	≤2.0	≤1.5	14.0	正常
3	≥5.8	≤7.0	≤7.0	≤3.0	≤2.0		

第九节　适宜宁夏种植的糜子品种

一、GS宁糜9号（审定编号：GS04004－1992）

宁夏固原市农业科技研究所从“固糜1号×海原紫秆红”杂交后代中选育而成。原代号78184－1－3，中试后取名固糜四号，1990年通过宁夏审定，命名为宁糜9号，1993年通过国家审定，命名为GS宁糜9号。

该品种全株全生育期均为绿色，侧穗型。株高100cm左右，穗长22cm左右，千粒重8g左右。黄粒、粳性、米色黄。出米率82.6%。在固原生育期100天，属中熟品种。叶相下披，茸毛中等，次生根多，抗旱性强，分蘖力强，分蘖成穗率高，适口性好。抗黑穗病，较抗黄叶病。参加 28 点次区域性试验，增产 27 次，平均增产 22.82%；12 点次生产试验全部增产，平均增产 25.25%。1990 年，在严重夏旱情况下，215hm^2 平均产量 2 605.5 kg/hm^2，比对照品种增产 68.6%。在宁南山区干旱半干旱地区，甘肃的定西、平凉、庆阳地区，内蒙古伊盟地区，陕北干旱半干旱地区，山西雁北地区，河北宣化等地均表现出较强的适应性和高产稳产性。

宁糜 9 号选育获 1992 年“中国新产品新技术博览会”银杯奖、1994 年“宁夏科技进步”二等奖和“首届中国杨陵农科城技术成果博览会”技术成果后稷金像奖。1996 年列入“九五”国家科技成果重点推广计划，组织在陕、甘、宁、内蒙、晋、冀等省推广。

二、宁糜 10 号（审定编号：GS04001－1997）

宁夏固原市农业科技研究所从“固糜 1 号×海原紫杆红”杂交后代中选育而成。原代号 78193－1－5－8－10－9－8－2，进入中试后取名固糜 7 号，1994 年宁夏审定命名为宁糜 10 号，1997 年通过国家审定。

该品种全株全生育期均为绿色，侧穗型。株高 120cm 左右，穗长 20cm 左右，千粒重 7.4g 左右。红粒、粳性，米色黄。出米率 79%。在固原生育期 110 天，属晚熟品种。叶相水平，叶色深绿，茸毛较少，茎直立。根系发达，抗倒耐旱，落粒较轻。该品种经 34 点次区域性鉴定，增产 33 点次，平均增产 27%；16 点次生产示范全部增产，平均增产 34.2%。小区试验最高产量达 7 500kg/hm^2，生产试验最高产量达 4 500kg/hm^2。适宜宁南山区干旱半干旱地区，陕西榆林，内蒙古东胜，甘肃会宁、榆中、庆阳、平凉，河北宣化等地及条件相似地区推广种植。在推广中应选肥力较好地块，保苗 120 万～150 万株/hm^2，施足底肥并适量基施氮肥。

宁糜 10 号选育获 1999 年宁夏科技进步三等奖。2008 年被中国作物学会粟类作物专业委员会评为“优质黄米品种”。

三、宁糜 14 号（审定编号：国品鉴杂 2006031）

宁夏固原市农业科技研究所从“鼓鼓头×62－02”杂交后代选育而成。2006 年 7 月通过全国小宗粮豆品种鉴定委员会鉴定。

该品种茎杆、叶鞘、叶片、芒绿色。主茎高 141.4 cm 左右。叶下披、茸毛较多。侧穗型。穗长 32.9 cm，穗颈长 20 cm 左右，穗粒重 6.3g，单株粒重 5.4g，穗粒数 750 粒左右。籽粒小，红粒，千粒重 7.4g。米色淡黄，出米率 80%，米质粳性。生育期 106 天左右，长势较旺。主穗成穗为主。抗倒伏，落粒

轻。米饭膨胀系数大，软硬适中，有油性。涩味轻，口感好。幼苗阶段耐旱能力较强，适应性广。旱地中等水肥栽培条件下籽粒含粗脂肪 3.85%，粗蛋白 12.74%，粗淀粉 58.65%，可溶性糖 0.79%。旱地条件下一般产量为 3 500kg/hm^{2}左右，在水肥条件较好的条件下产量可达4 500kg/hm^2 以上。5 月下旬或6 月上旬播种，播深 3 ~ 5cm。播量 30 ~ 45kg/hm^2，保苗 150 万株/hm^2。施优质农家肥 22.5t/hm^2，带 37.5kg/hm^2 尿素种肥。注意把握成熟期，早霜来临前及时收获，以防落粒对产量造成影响。适宜宁夏固原市、吴忠市、中卫市，内蒙古鄂尔多斯市，陕西省榆林市，甘肃省平凉市等地旱地种植。年均温≥6℃地区可以单种，年均温≥8℃地区可以麦后复种。

该品种 2008 年被中国作物学会粟类作物专业委员会评为“优质黄米品种”。

四、宁糜 15 号（审定编号：国品鉴杂 2006028）

宁夏固原市农业科技研究所以“鼓鼓头 × 紫秆红”稳定系为母本，以 45 - 6 为父本杂交选育而成。2006 年 7 月全国小宗粮豆品种鉴定委员会鉴定。

该品种幼苗叶鞘、叶片绿色，花序紫色，叶下披，茸毛较多。糯性，中熟，生育期 106 天左右。株高 140cm 左右，主茎直径 0.6cm，主茎节数 7 ~ 8 节。有分蘖。侧穗型，穗长 30cm，穗颈长 21cm 左右，单株粒重 5g，千粒重 7g，籽粒红色，米色淡黄，出米率 82%。苗期耐旱性较强，抗倒伏，落粒轻。籽粒粗蛋白质含量 12.74%，粗脂肪含量 3.85%，粗淀粉含量 58.65%，2003—2005 年参加全国糜子（糯性）品种区域试验，平均产量 3 183.4kg/hm^2，比对照雁黍 3 号增产 10.5%。2005 年生产试验平均产量 3 277.5kg/hm^2，比对照雁黍 3 号增产 15.4%。5 月中旬至 6 月中旬播种；播种量 22.5kg/hm^2 左右，保苗 120 万 ~ 150 万株/hm^2；有机肥、化肥播前一次性施入。出苗后及时破板结，确保全苗。生育期间注意松土除草，后期注意防治麻雀危害；及时收获，以防落粒。适宜宁夏固原，山西大同，陕西榆林，甘肃平凉、榆中种植。

该品种的选育获得了 2007 年宁夏科技进步三等奖。

五、固糜 21 号（审定编号：国品鉴杂 2013009）

固原市农业科技研究所以宁糜 9 号为母本，60 - 333 为父本，通过品种间有性杂交选育的糜子新品种。2013 年全国小宗粮豆品种鉴定委员会鉴定。

该品种根系发达，茎、叶、花序绿色，叶下披，有短绒毛。生育期 101 天。适应性好，抗逆性强。历年试验、示范田间自然鉴定，无黑穗病及其他病害发生。株高 133.0 ~ 137.0cm，主茎节数 7 节。侧穗，主穗长 33.0 ~ 38.4cm，穗重 4.4 ~ 5.9g，株粒重 6.6 ~ 10.5g，千粒重 6.6g。籽粒花色，白底有红点，饱满有光泽。米色黄，粳性。碳水化合物含量74.5%，蛋白质含量13.1%，脂肪含量3.7%。平均单产250kg/亩以上，最高达到377kg/亩。适宜在内蒙古达拉特、呼和浩特，陕西府谷、榆林，河北张家口，宁夏盐池、固原，甘肃会宁等地种植

六、雁黍8号（审定编号：国品鉴杂2006029）

山西省农业科学院高寒作物研究所以雁黍4号和8106－981杂交选育而成。2006年7月通过全国小宗粮豆品种鉴定委员会鉴定。

该品种糯性。中熟，生育期105天左右，株高110～120cm，穗长27～34cm，主茎节数7～8节，千粒重8g左右，单株粒重5～6g。侧穗型，绿花序，籽粒红色、圆形。耐旱、抗倒伏强。籽粒粗蛋白质含量12.75%，粗脂肪含量3.95%，粗淀粉含量58.18%。2003—2005年参加全国糜子（糯性）品种区域试验，平均产量3 359.0kg/hm^2，比对照雁黍3号增产16.6%。2005年生产试验，平均产量3 243.0kg/hm^2，比对照雁黍3号增产13.1%。5月20日前后播种，丘陵区6月1日前后播种。合理施肥，有机肥和无机肥配合一次性施入；苗期和抽穗前进行中耕除草，乳熟期防止鸟害，蜡熟末期及时收获。建议在山西大同、阳高、山阴、怀仁、浑源，内蒙古鄂尔多斯，陕西榆林、靖边，宁夏固原，甘肃榆中种植。

七、伊选黄糜（审定编号：国品鉴杂2006030）

内蒙古鄂尔多斯市农业科学研究所以准旗黄黍子为母本，杭旗黄黍为父本，杂交选育而来。2006年7月通过全国小宗粮豆品种鉴定委员会鉴定。

该品种糯性。中熟，生育期101天左右，需≥10℃积温1 900℃左右，株高126.4cm，主茎节数6.4节，侧穗，主穗长30.4cm，分蘖成穗整齐，黄粒，糯性，千粒重8.1g。抗旱、耐盐、抗倒伏，抗落粒性强。籽粒粗脂肪含量3.95%，粗蛋白质含量12.17%，粗淀粉含量56.78%，可溶性糖含量1.11%。2003—2005年参加全国糜子（糯性）品种区域试验，平均产量3 482.6kg/hm^2，比对照雁黍3号增产20.9%。2005年生产试验，平均产量3 330.0kg/hm^2，比对照雁黍3号增产19.1%，比当地对照品种增产18.4%。适应在≥10℃，积温1 900～3 100℃・d的地区种植。一年一熟地区5月中下旬种植，播量22.5kg/hm^2，密度105万株/hm^2。播前基肥（有机肥）、化肥一次施入；生长期注意中耕除草，成熟后及时收获。建议在内蒙古土默川、鄂尔多斯市东部丘陵区及陕西榆林，宁夏固原种植。

八、GS陇糜4号（审定编号：GS04001－1993）

甘肃省农业科学院粮作所用山西雁北大黄黍作母本，地方品种会宁大黄糜作父本进行杂交选育而成，1989年通过省级技术鉴定，1993年通过国家农作物品

种审定委员会审定。

该品种根系发达，幼苗直立，植株健壮，生长整齐，高秆大穗。单株有效分蘖1.1～1.2个，株高115.6～137.5cm，主茎粗0.6～0.7cm，主茎节数7.8～8.9个，茎叶茸毛较长，分布稀疏，绿色花序，侧穗型，籽粒黄色饱满，米黄色粳性。穗长25.4～32.6cm。千粒重7.4～8.0g，出米率80%。所需活动积温（≥10℃）1 912.2℃·d。抗旱性强，落粒性中等，抗倒性较强。多点试验结果，平均单产2 016kg/hm²，比对照增产20.0%。皮薄米软，食味可口，品质优质，籽粒粗蛋白含量15.50%，粗脂肪含量4.02%，赖氨酸含量0.29%，淀粉含量55.81%。既适合于海拔1 650～1 800m地区正茬春播，也适合于1 300～1 450m地区夏播复种。夏播复种时，增施肥料，抢时早播是获得高产的技术关键。一般旱地春播留苗67.5万株/hm²，夏播复种保苗120万株/hm²，水地复种留苗210万株/hm²为宜。

该品种1993年获甘肃省科技进步二等奖，1995年获国家科技进步三等奖。

九、榆糜3号（审定编号：国审杂2002001）

陕西省榆林市农业科学研究所从地方品种“黄秆黑小糜”原始群体中经单株混合选择育成。2002年通过全国小宗粮豆品种鉴定委员会鉴定。

该品种幼苗绿色，绿秆，主茎叶13～14片，地上伸长节8～10节，株高155cm。穗长33cm，侧穗，花序绿色，主茎成穗为主，籽粒黑褐色，粳性，皮壳率20%。单株粒重7.6g，千粒重8.0～8.6g。中熟，夏播生育期95天左右，春播100～110天。抗旱性强，不易自然落粒。籽粒含粗蛋白12.10%，粗脂肪3.70%，总淀粉59.80%。高抗糜子黑穗病，未发现其他危险性病虫害。1999—2000年参加第六轮全国糜子品种区域试验，平均产量分别为2 559kg/hm²和2 637kg/hm²，两年均居第1位，平均产量2 599.5kg/hm²，比对照增产6.0%。2001年参加生产试验，平均产量3 178.5kg/hm²，比对照增产17.7%。一般产量水平2 250～3 750kg/hm²。适宜在陕西、内蒙古、山西、甘肃、宁夏等省区相似地区山旱地种植。

十、GS内糜5号（审定编号：GS04003－1992）

内蒙古自治区伊克昭盟农业科学研究所从“伊选大红糜×内糜3号”杂交后代中选育。1991年内蒙古自治区农作物品种审定委员会审定，1993年全国农作物品种审定委员会审定。

该品种株高150cm左右，分蘖整齐，侧穗，穗长30cm左右，黄粒，千粒重9.2～9.5g，皮壳率18%。籽粒含粗蛋白10.3%，粗脂肪4.9%，粗淀粉61.4%，粗纤维13.7%，赖氨酸2.9g/100g蛋白质，适于制作炒米。全生育期110天左右，需≥10℃活动积温 2 500～2 800℃·d。耐旱，耐盐碱，抗落粒，抗倒伏，抗黑穗病。一般单产 2 250～3 000kg/hm^2。5 月底至 6 月初播种，保苗 75 万～105 万株/hm^2。播量旱作区 15kg/hm^2，平原灌区 22.5kg/hm^2。基施 15 000～30 000kg/hm^2 有机肥和 225kg/hm^2 尿素，30～45kg/hm^2 重过磷酸钙或磷酸二铵做种肥。一般锄地 2～3 次，穗基部多数籽粒蜡熟期可收获。适宜西北旱作农业区≥10℃年活动积温 2 500℃·d 以上地区。

该品种2008 年被中国作物学会粟类作物专业委员会评为“优质黄米品种”（图）。

图　糜子优良品种田间生长情况（陈炳文摄）

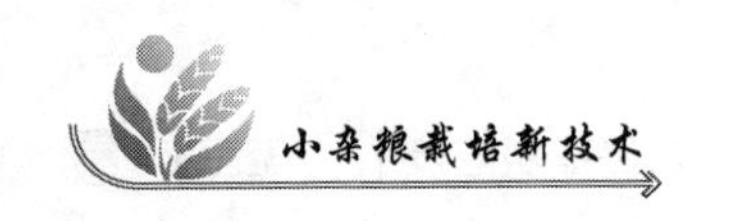

第三章 荞麦栽培技术

甜荞（*Fagopyum esculentum* Moench）一年生草本双子叶植物，属蓼科（Polygonaceae）荞麦属（*Fagypyrum* Gaerth），英文名 Fagopyrum Mill，又名乔麦、乌麦、花麦、三角麦、荞子，英文俗名 buckwheat，为非禾本科作物。异花授粉，籽粒为三棱形，花是很好的蜜源。

甜荞在我国的种植面积和产量均居世界第二位，常年种植面积 70 万 hm^2，总产量 75 万 t，20 世纪 50 年代，种植面积曾达到 225 万 hm^2，总产量为 90 万 t。我国甜荞主要产自内蒙古、陕西、山西、甘肃、宁夏、云南等省区。

甜荞是宁夏的重要杂粮作物之一，种植面积在小杂粮中排序第二，主要分布在宁夏南部的西海固和盐同地区，常年种植面积 4.67 万 hm^2，占宁夏南部山区作物播种面积的 10% 左右，占全国荞麦种植面积的 5% 左右，是我国荞麦主产区之一。单产 600 ~ 1 500 kg/hm^2，平均产量 667.4 kg/hm^2，高出全国平均单产 600 kg/hm^2 的 11.2%。在宁夏小杂粮乃至全国荞麦生产中占重要地位。20 世纪 50 年代种植面积最大，曾达到 6.67 万 hm^2 以上，由于受到重大（大作物）轻小（小作物）思想的影响，80 年代全区荞麦面积减少到 2.94 万 hm^2，2000 年农业结构调整以来，甜荞的种植面积逐年上升，2006 年增加到 4.63 万 hm^2，总产达 3.09 万 t，其中食用约占 60%，外贸出口约占 30%，自留种子约占 10%。

第一节 甜荞形态特征

甜荞植株由根、茎、叶、花、果实（种子）组成。

一、根

甜荞的根为直根系，包括定根和不定根。定根包括主根和侧根两种。主根是由种子的胚根发育而来，是最早形成的根，又称初生根。其上长有侧根，即从主根发生的侧根及侧根上再产生的二级、三级侧根，称作次生根。甜荞的主根较粗长，垂直向下生长，侧根较细，呈水平分布状态。在茎的基部或者匍匐于地面的茎上也可产生不定根。不定根的发生时期晚于主根，其长度取决于播种的深度与植株的密度，也是一种次生根。一般情况下，甜荞主根伸出1~2天后其上产生数条侧根，侧根不断分化，又产生小的侧根，构成了较大的次生根系，分布在主根周围土壤中，起支持和吸收作用。侧根吸收水分和养分的能力很强，对甜荞的生命活动所起作用极为重要。

二、茎

甜荞茎直立，分为基部、中部和顶部3部分。幼嫩时实心，成熟时呈空腔。茎粗0.4~0.6cm，高60~100cm，最高可达150cm左右。茎光滑为圆形，稍有棱角，无毛或具细绒毛，多带红色；节处膨大，节数因品种而不同，为10~30个不等。略弯曲。节间长度和粗细取决于茎节间的位置，一般茎中部节间最长，上、下部节间长度逐渐缩短；茎可形成分枝，即主茎节叶腋处长出的分枝为一级分枝，在一级分枝叶腋处长出的分枝为二级分枝，在良好的栽培条件下，还可以在二级分枝上长出三级分枝。分枝多少因品种、生长环境、营养状况而数量不等，少则只有主茎无分枝，呈“一炷香”状，多着可达7~8个，通常为3~4个分枝。

三、叶

甜荞的叶有子叶（胚叶）、真叶和花序上的苞片。子叶两片，对生，呈肾圆形，具掌状网脉，子叶出土后，进行光合作用，由黄色逐渐变成绿色，有些品种的子叶表皮细胞中含有花青素，微带紫红色。

真叶可分为叶片、叶柄和托叶鞘3个部分。为完全叶，单叶，互生，是甜荞进行光合作用制造有机物的主要器官，叶片为三角形或卵状三角形，顶端渐尖，基部为心脏形或箭形，全缘，较光滑，为浅绿至深色。叶脉处常常带花青素而呈紫红色。叶柄细长。三角形、卵状三角形、戟形或线形，稍有角裂，全缘，掌状网脉。叶柄是甜荞叶的重要组成部分，它起着支持叶片及调整其位置以接受日光进行光合与呼吸作用，并是光合物质和养分输出输入的通道。在日光照射的一面可呈红色或紫色。叶柄在茎上互生，与茎的角度常成锐角，使叶片不致互相荫蔽，以利充分接受阳光。叶柄上侧有凹沟，凹沟内和凹沟边缘有毛，其他部分光滑，中下部叶柄较长，上部叶柄渐短，至顶部则几乎无叶柄。

托叶合生如鞘，称为托叶鞘，在叶柄基部紧包着茎，形如短筒状，顶端偏斜，膜质透明，基部常被绒毛。甜荞叶形态结构在同一植株上，因生长部位不同，受光照不同，叶形也不同，植株基部叶片形状呈卵圆形，中部叶片形状类似心脏形，叶面积较大，顶部叶片逐渐变小，形状渐趋箭形。叶片大小及形状在不同类型、不同生育阶段叶也不一样。

甜荞花序上着生鞘状的苞片，这种苞片为叶的变态，其形状很小，长 2～3mm，片状半圆筒形，基部较宽，从基部向上逐渐倾斜成尖形，绿色，被微毛。苞片具有保护幼小花蕾的功能。

四、花

甜荞花序为有限和无限的混生花序，既有聚伞花序类（有限花序）的特征，也有总状花序类（无限花序）的特征，以总状花序为主，上部果枝为伞房花序，着生在主茎和分枝的顶端或叶腋间。花朵密集成族，一族有 20～30 朵花，花较大有香味，白色和粉红色。花属于单被花，多为两性，由花被、雄蕊和雌蕊组成。

花被 5 裂，呈啮合状，彼此分离。花被片为长椭圆形，基部呈绿色，中上部为白色、粉色或红色；雄蕊不外伸或稍外露，常为 8 枚，由花丝和花药构成。雄蕊呈两轮环绕子房排列，外轮 5 枚，着生于花被片交界处，花药内向开裂；内轮 3 枚，着生于子房基部；花药外向开裂。雌蕊 1 枚为三心皮联合组成，柱头、花柱分离。子房三棱形，上位，一室，白色或绿白色；柱头膨大为球状，有乳头突起，成熟时有分泌液。有长花柱短雄蕊花型、短花柱长雄蕊花型和雌雄蕊等长花型。在一个品种的群体中，以长花柱花和短花柱花占主要比例，比例大致为 1∶1。在同一植株上只有一种花型。雌雄蕊等长的花在群体中所占比例很少。

花器的两轮雄蕊基部之间着生一轮蜜腺，数目不等，在 6～10 个，通常为 8 个。蜜腺呈圆球状，黄色透明，能分泌蜜液，呈油状且有香味。

五、果实

甜荞果实为三棱卵圆形瘦果，棱角明显，先端渐尖，基部有 5 裂宿存花被。果皮革质，表面与边缘光滑，无腹沟，果皮内含有一粒种子，种子由种皮、胚和胚乳组成。果皮由雌蕊的子房壁发育而来，种皮由胚珠的保护组织内外珠被发育而来。胚乳包括糊粉层及淀粉组织，占种子的 70%～80%，胚藏于胚乳内，具对生子叶。

甜荞种子有灰、棕、褐、黑等多种颜色，种子的颜色也因成熟度的不同而有差异，成熟好的色泽深，成熟差的色泽浅，棱翅有大有小。颜色的变化，棱翅的大小，是鉴别种和品种的主要特征。其千粒重变化很大，在 15～37g。

第二节 甜荞分布及生产现状

一、分布区域

甜荞是一种重要的药食同源小宗杂粮作物。在世界上分布广泛，中国、俄罗斯、乌克兰、法国、波兰等国是世界上荞麦种植面积较大的国家。我国甜荞种质资源丰富，分布广泛，经过长期的自然和人工选择，不同的生态类型，形成不同类型的品种。根据各地自然气候、地形地貌特征、农事操作时间等分为春荞、夏荞和秋荞。

宁夏甜荞产区属北方春荞麦区，主要分布在宁南山区八县，包括吴忠市的盐池、同心、中卫市的海原县及中宁县部分山区乡镇，固原市的原州区、彭阳县、泾源县、隆德县和西吉县，以旱地、薄地、山地、坡地、轮荒地等种植为主。种植品种有当地红花荞、宁荞1号和信农1号，从加工口感角度来说，红花荞麦加工的产品较受国内市场的欢迎，从出口角度看，最受外商欢迎的是纯绿色、无公害的白花荞麦“信农1号”。

依据甜荞对温度、水分、光照以及土壤等方面的要求和宁南山区的自然条件决定了荞麦的优势区域。宁夏干旱区的盐池、同心、海原和半干旱区的彭阳、原州、西吉以及阴湿区的隆德、泾源等县区地广人稀、土地瘠薄、气候冷凉、无霜期126～183天，≥10℃积温1 850～3 310℃·d，年降水量270～650.9 mm，而且降水主要集中在荞麦生育期间的7—9月，“十年九旱”与“十秋九不旱”是该地区最明显的气候特点。降水规律的分布与甜荞的需水特点基本一致，多年试验表明，甜荞对水分的需求与降水的吻合程度明显的高于夏粮中的豌豆、小麦和油料作物。甜荞生育期水源充足，这样的气候符合荞麦的生产条件，适宜荞麦生长发育，所以该地区既是宁夏甜荞的主产区，也是宁夏荞麦的优势区域。

二、生产现状

甜荞种植面积在宁夏小杂粮中排序第二，除了单播，还可在气温较高的河谷川道区麦后复播。2012年种植面积4.67万 hm^2，占全国荞麦种植面积（2000—2010年平均播种面积为84.57万 hm^2）的5.5%左右，占宁夏粮食作物总播种面积（82.82万 hm^2）的5.64%，占宁南山区粮食播种面积（52.78万 hm^2）的8.85%，占宁夏小杂粮播种面积（14万 hm^2）的33.4%。单产为600～1 500kg/hm^2，总产达4.90万t，占全国荞麦总产量（2000—2010年平均总产量为91.4万t）的5.36%，占宁夏粮食总产量（375万t）的1.31%，占宁夏小杂粮总产量（34.2万t）的9.04%。其中食用约占60%，外贸出口约占30%，自留种子用约占10%。制约荞麦生产的因素主要有：一是结实率低；二是易落粒；三是易倒伏。

甜荞在作物布局中的地位：种植甜荞省时省工，在农时安排上，甜荞从耕翻、播种到管理，通常都在其他作物之后，可调节农时，全面安排农业生产，实现低投入高产出的经济效益。甜荞生育期短，从种到收一般只有70天到90天，早熟品种50多天即可收获。甜荞适应性广，抗逆性强，生长发育快，在作物布局中有特殊的地位：①在无霜期短、降水少而集中、水热资源不能满足玉米等大粮作物种植的宁南干旱山区是甜荞的生产区；②在无霜期较长、人均土地较少而耕作较为粗放的农业区，甜荞作为复播填闲作物；③在遭受干旱等自然灾害影响，主栽作物失收后，甜荞是重要的备荒救灾作物；④甜荞压青是改良轻沙土的措施之一，压青可增加土壤中的有机质和养分；⑤甜荞还可将土壤中不易溶解的磷转化为可溶性磷，也可将难溶性钾转化为可溶性钾，留存于土壤中，供后作作物吸收利用。随着我国甜荞科研和产业开发的发展，在现代农业中，甜荞在农业生产中的地位正在由“救灾补种”作物转变为农民脱贫致富的经济小作物。在发展宁夏地方特色农业和帮助贫困地区农民脱贫致富中有着特殊的作用，在宁夏区域经济发展中占有重要地位。

三、生长条件

甜荞是喜温作物，生育期要求10℃以上的积温1 100～2 100℃·d，种子发芽的最适宜温度为15～30℃，生育阶段最适宜的温度是18～22℃；甜荞是喜湿作物，抗旱能力较弱，比其他作物费水，一生中需要水760～840m^3，每形成1g干物质需耗水500g左右，且耗水量在各个生育阶段也有所不同。现蕾后植株体积增大，耗水剧增，从开始结实到成熟耗水约占甜荞整个生育阶段耗水量的89%；甜荞对日照反应敏感，属短日照作物，但在长日照和短日照条件下都能生育并形成果实。从出苗到开花的生育前期，宜在长日照条件下生育，从开花到成熟的生育后期，宜在短日照条件下生育，长日照促进植株营养生长，短日照促进发育；荞麦对土壤的选择不太严格，只要气候适宜，任何土壤，包括不适于其他禾谷类作物生长的瘠薄、带酸性或新垦地都可以种植，但以排水良好的沙质土壤为最适合，酸性较重的和碱性较重的土壤改良后也可种植。

第三节 栽培技术

一、轮作

轮作是农作制度的重要组成部分。轮作，也称换茬，是指同一地块上在一定年限内按一定顺序轮换种植不同种作物，以调节土壤肥力，防除病虫草害，实现作物高产稳产的种植方式，"倒茬如上粪"说明了轮作的意义。连作导致作物产量和品质下降，更不利于土地的合理利用。甜荞虽然对茬口要求不严格，无论种在什么茬口上都可以生长。但要获得高产，在轮作上必须选择茬口，较好的茬口有豆类、马铃薯，这些是养地作物，种甜荞不施肥也可以获得较高的产量，其次是糜子、谷子、玉米、小麦茬口种植荞麦，应适当增施肥料。较差的胡麻、油菜茬种甜荞，应多施肥，还要增施磷肥。另外，种过甜荞的地块肥力消耗特别大，影响下茬作物的生长，因此，甜荞的下茬作物应补施或增施有机肥和氮、磷、钾肥料。

二、整地

深耕。甜荞是旱地作物，前茬作物收获后，应进行深耕灭茬。精细整地，达到土壤平整，无坷垃，上虚下实，墒情好，为全苗、壮苗打下良好的土壤条件。深耕（耕深20~25cm）能熟化土壤，加厚熟土层，提高土壤肥力，既利于蓄水保墒和防止土壤水分蒸发，又利于甜荞发芽、出苗，生长发育，同时可减轻病、虫、杂草对甜荞的危害。"深耕一寸，胜过上粪"。深耕能破除犁底层，改善土壤物理结构，使耕作层的土壤容重降低，孔隙度增加，同时改善土壤中的水、肥、气、热状况，提高土壤肥力，使甜荞根系活动范围扩大，吸收土壤中更多的水分和养分。

耙耱。耙与耱是两种不同的整地工具和整地方法，习惯合称耙耱。耙耱都有破碎坷垃、疏松表土、平隙保墒的作用，也有镇压的效果。黏土地耕翻后要耙，砂壤土耕后要耱。

镇压。镇压即机畜拉石磙压土地，是宁夏旱地耕作中的又一项重要整地技术。它可以减少土壤大孔隙，增加毛管孔隙，促进毛管水分上升。同时还可在地面形成一层干土覆盖层，防止土壤水分的蒸发，达到蓄水保墒，保证播种质量的目的。镇压分为封冻镇压、顶凌镇压和播种前后镇压。封冻镇压和顶凌镇压分别在封冻和解冻之前进行，播种前镇压在播种前进行。镇压宜在砂壤土上进行。

三、施肥

甜荞是一种需肥较多的作物，每生产100kg籽实，消耗氮3.3kg，磷1.5kg，钾4.3kg。与其他作物相比较，高于禾谷类作物，低于油料作物（表）。所以，甜荞高产，必须增施肥料。

表 不同作物形成籽实吸收的养分数量（kg/100kg）

元素	豌豆	春小麦	糜子	甜荞	胡麻	油菜
氮	3.00	3.00	2.10	3.30	7.50	5.80
磷	0.86	1.50	1.00	1.50	2.50	2.50
钾	2.86	2.50	1.80	4.30	5.40	4.30

基肥。基肥是甜荞播种之前，结合耕作整地施入土壤深层的基础肥料，也称底肥。充足的优质基肥，是甜荞高产的基础。基肥的作用有3项：一是结合耕作创造深厚、肥沃的土壤熟土层；二是促进根系发育，扩大根系吸收范围；三是多数基肥为“全肥”（养分全面）、“稳劲”（持续时间长）的有机肥，利于甜荞稳健生长。基肥以有机肥为主，也可配合施用无机肥。一般情况下，氮磷配合：施腐熟农家肥11 250～15 000kg/hm^2 或施尿素150kg/hm^2 加过磷酸钙172.5kg/hm^2，或用碳铵300kg/hm^2 加过磷酸钙225kg/hm^2，在播前“倒地”时一次施入田中。

种肥。种肥是在甜荞播种时将肥料施于种子周围的一项措施，包括播前的肥滚籽、播种时溜肥及“种子包衣”等。种肥能弥补基肥的不足，以满足甜荞生育初期对养分的需要，并能促进根系发育。底肥不足时，施磷酸二铵37.5～75kg/hm^2，播种时随种子一起施入沟中。

追肥。追肥就是在甜荞生长发育过程中为弥补基肥和种肥的不足，增补养份的一项措施。追肥一般宜用尿素等速效氮肥，用量不宜过多，以75 kg/hm^{2}左右为宜，旱地甜荞若要追肥要选择在阴雨天气进行。

四、播种

播期。甜荞播种期不宜太早，太早植株营养生长旺盛，结实率低，应适当晚播，播种期宜选择在5月中下旬至6月中旬，出苗期在5月底至6月底，现蕾期在6月中下旬至7月中旬，开花始期在7月上旬至7月下旬，成熟期在9月上旬至9月中下旬（初霜前）为宜。

种子处理。播种前的种子处理是甜荞栽培中的重要技术措施之一，对于提高甜荞种子质量、全苗、壮苗奠定丰产基础有很大作用。甜荞种子处理主要有晒种、选种、浸种和拌种几种方法。

晒种：晒种可以改善种皮的透气性和透水性，促进种子后熟，提高酶的活力，能提高种子的发芽势和发芽率，增加种子的活力和发芽力，还可以杀死病菌，减轻某些病害的发生。晒种一般选在播种前 7 ~ 10 天的晴天，将种子摊晒在干燥地上或席子上，从 10：00 ~ 16：00 连续晒 2 ~ 3 天，不断翻动然后收起待种。

选种：即清选种子。目的是剔除空粒、秕粒、破粒、草籽和杂质。选用大而饱满整齐一致的种子，以提高种子的发芽率和发芽势。其方法是：风选借用扇车或簸箕的风力；水选用清水或盐水选种；筛选用适当筛孔的筛子筛去小粒；或采用机选和粒选，以保证种子质量。

浸种：温汤浸种也有提高种子发芽力的作用，用 35℃ 温水浸 15 分钟效果良好；播种前用 5% ~10% 的草木灰浸出液浸种；效果也很好，经浸过的种子凉干备用。

药剂拌种：药剂拌种是防治甜荞地下害虫和病害极其有效的措施。在晒种和选种之后进行。具体方法是：用晒、选后的种子量 0.1% ~0.5% 的五硝基苯粉拌种，防治疫病、凋萎病和灰腐病；用种子量的 0.3% ~0.5% 的 20% 甲基异柳乳油或 0.5% 甲拌磷乳油拌种，拌匀后堆放 3 ~4 小时后摊开凉干，对防治蝼蛄、地老虎、蛴螬、金针虫等地下害虫效果良好，

播种方法。播种方法与甜荞获得苗全、苗壮、苗匀关系很大。宁夏甜荞播种方法归纳起来主要有条播、点播和撒播。

条播：主要采用机播和犁播。用 3 条腿或 4 条腿蓄力播种机，一般行距27 ~ 33cm；犁播是用犁开沟手溜种；行距 25 ~ 27cm；条播是我区甜荞主产区普遍采用的一种播种方法，播种质量较高，有利于合理密植和群体与个体的协调发育，使甜荞获得较高的产量。

点播：主要用犁开沟人工抓籽，按穴距点播，一般行距 23 ~ 26cm，穴距 20 ~ 30cm，每穴 10 粒，点播密度不易控制，营养面积利用不均，点播费工费时。适于小面积或黏性强的土壤上采用。

撒播：即先耕地，随后撒种子，再进行耙耱。撒种无株行距之分，密度难以控制，出苗不整齐且稠稀不匀，群体结构不合理，通风透光不良，田间管理不便，因而产量不高。

播种深度。甜荞子叶出土，因此，播种不宜太深。播种深难以出苗，但播种

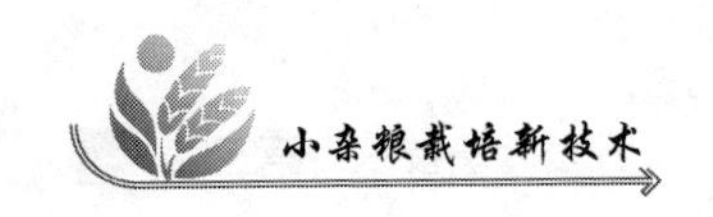

浅又易风干。因而，播种深度直接影响出苗率与整齐度，是全苗的关键措施。掌握播种深度，一要看土壤水分，土壤水分充足宜稍浅，土壤水分欠缺要稍深；二要看土质，沙质土和旱地可适当深一些，但不超过6cm，黏土则要求稍浅些；三要看播种地区，在干旱多风地区，因种子裸露很难发芽，要重视播后覆土，并要视墒情适当镇压。在除水量充足土质黏重遇雨后易板结的地区为了防止播后遇雨，幼芽难以顶土，可在翻耕地之后，先撒籽，后撒土杂肥盖籽，不覆土或少覆土；四要看品种类型，因不同品种的顶土能力各异。

播种量及密度。甜荞播种量是根据土壤肥力、品种、种子发芽率、播种方式和群体密度确定的，一般每0.5kg甜荞种子可出苗1万株左右；在正常情况下，甜荞适宜播种量为37.5～45.0kg/hm^2。

正茬播种荞麦生育期长，个体发育充分，一般留苗以7.5万～10.5万株/hm^{2}为宜，最多不宜超过11万株。复种甜荞留苗较稀，在中等肥力的土壤，一般留苗以7.5万/hm^{2}株为宜。

五、田间管理

保全苗。全苗是甜荞生产的基础，也是甜荞苗期管理的关键。保证甜荞全苗壮苗，除播种前作好整地保墒、防治地下害虫的工作外，出苗前后的不良气候，也容易发生缺苗现象，因此要积极采取破除板结、补苗等保苗措施，保证出苗。

中耕锄草。甜荞第一片真叶出现后进行中耕。中耕有疏松土壤、增加土壤通透性、蓄水保墒、提高地温、促进幼苗生长的作用，也有除草增肥之效。中耕除草次数和时间根据土壤、苗情及杂草多少而定。甜荞生育期进行1～2次，三片真叶进行第一次中耕除草，现蕾期进行第二次中耕除草。中耕锄草的同时进行疏苗和间苗，去掉弱苗、多余苗，减少幼苗防止拥挤，提高甜荞植株的整齐度和结实率。

辅助授粉。甜荞是异花授粉作物，虫媒花，又为两型花，一般结实率较低，在5%～15%，因而限制了产量的提高。提高甜荞结实率较好的方法是进行辅助授粉。

蜜蜂辅助授粉：蜜蜂等昆虫能提高甜荞授粉结实率。据内蒙古农业科学院对蜜峰等昆虫传粉与甜荞产量关系研究表明，在相同条件下昆虫传粉能使单株粒数增加37.84%～81.98%，产量增加83.3%～205.6%。蜜蜂辅助授粉应在甜荞盛花期进行，即在甜荞开花前2～3天，每公顷放蜜蜂7～8箱。蜂箱应靠近甜荞地。

人工辅助授粉：在没有放蜂的地方，在甜荞盛花期，每隔2～3天，于

9：00～11：00 用一块长 200～300m，宽 0.5m 的布，两头各系一条绳子，由两人各执一端，沿甜荞顶部轻轻拉过，摇动植株，使植株相互接触、相互授粉。

六、收获贮藏

甜荞具有无限生长特性，边开花边结实，同株上籽粒成熟不一致，结实后期早熟籽粒易落，所以掌握适时收获是高产甜荞丰收不可忽视的最后一环，在生产实践中因收获失误减产 30%～50%。一般以植株 70% 籽粒呈现本品种成熟色泽为成熟期（全株中下部籽粒呈成熟色，上部籽粒呈青绿色，顶部还在开花）。另我国农谚有“头戴珍珠花，身穿紫罗纱，出门二三月，霜打就回家”及“荞麦遇霜，种子落光”，都告诫甜荞应在霜前收获。

甜荞收获宜在露水干后的上午进行，割下的植株应就近码放，脱粒前后尽可能减少倒运次数，晴天脱粒时，籽粒应晾晒 3～5 个晴天，充分干燥后贮藏。通过净选工序筛扬出秕粒和后熟的青籽也应收藏起来，除农家用作饲料外，也可用作酿造、提取药物或色素等的工业原料，不应废弃。

收获期应注意气象预报，特别是大风天气，防止落粒和倒伏造成的减收损失。另外，甜荞具有完整的皮壳，在贮存中能缓和甜荞的吸湿和温度影响，对虫、霉有一定的抵抗能力。一般仓贮水分含量以 9%～12% 为宜，不得超过 15%。

第四节 荞麦病虫害防治

一、荞麦病害防治

轮纹病。轮纹病主要危害甜荞的叶片和茎干，危害时期为整个生长期，发病时叶片上产生中间较暗淡褐色病斑，病斑呈圆锥或近圆形，有同心轮纹，病斑中间有小黑点。即病菌的分生孢子器（图 3－1）。茎干被侵害后，病斑呈菱形或椭圆形，红褐色，植株死后变为黑色。受害严重时，常常造成叶片早期脱落，减产严重。轮纹病是荞麦的重要病害，在幼苗出土后就开始侵染为害，危害规律是病菌以菌丝体和分生孢子器在病株残体上越冬，成为翌年的初侵染菌源，后借风雨进行传播为害。为害程度因年份及地区而异，田间荫蔽，有利病菌发育，发病较重。防治方法：①加强田间管理。收获后将病残株烧毁。早中耕，早疏苗。②温汤浸种。先将种子在冷水中预浸 4～5 小时，再在 50℃ 温水中浸泡 5 分钟，捞出凉干播种。③药剂防治。发病初期，喷洒 0.5% 的波尔多液或 65% 的代森锰锌

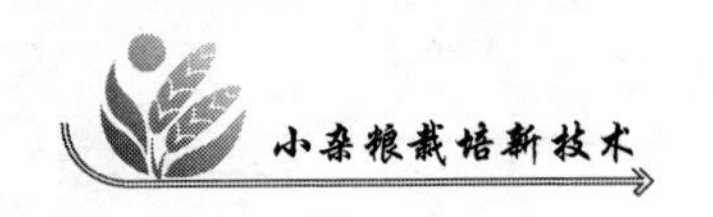

600 倍液；或用40%的多菌灵胶悬剂500～800 倍液，以防病害蔓延。

图3－1 荞麦轮纹病害危害状

褐斑病。甜荞的褐斑病发生在叶片上，最初在叶面发生圆形或椭圆形病斑，外围呈红褐色，有明显的边缘，中间为灰褐色，病叶渐变褐色，后枯死脱落。甜荞受害后，随植株生长而逐渐加重，开花前即可见到症状，开花和开花后发病加重，严重时叶片枯死，造成减产。褐斑病在开花时发生，病叶有褐色不规则形的病斑散布，周围呈暗褐色，内部因分出分生孢子而变灰色。病叶渐变褐色而枯死脱落。

防治方法：①清除田间病残植株；②药剂拌种，即用五氯硝基苯、退菌特，按照种子量的0.3%～0.5%进行拌种；③喷药防治，在田间发现病株时，用40%的复方多菌灵胶悬剂，或用75%的代森锰锌可湿性粉剂，或用65%的代森锌等杀菌剂500～800 倍液喷雾。

叶斑病。叶斑病危害时期为整个生长期，危害部位是叶片，危害症状主要是最初在叶面上生有大小不一的近圆形病斑，病斑边缘不明显，病斑中央灰白色，四周略带浅褐色至灰白色，整体病斑色浅多呈灰白色，后期病斑上生出黑色小粒点，即病原菌分生孢子器（图3－2）。危害规律是病菌在病残体上越冬，翌年产生分生孢子，通过风雨进行传播蔓延，8 月普遍发生。个别地块因此病而早期落叶。据调查，固原荞麦生产区，甜荞品种的叶斑病病情指数为2.62～8.65，发病率为17.32%～22.12%。

防治方法：①农业防治可耕翻晒田，加速病菌分解，减少病源；增施磷、钾肥，提高植株抗病能力；清除杂草，培育壮苗，提高抗病能力，清除田间病残体，减少病源，减轻发病。②化学防治可播种前，用种子量0.5%的2%戊唑醇（立克秀）干粉种衣剂进行拌种；也可在发病初期，交替选用36%甲基硫菌灵悬浮剂600 倍液，或用50%多菌灵可湿性粉剂800 倍液，或用50%腐霉利（速克灵）可湿性粉剂1 000倍液喷雾防治。

图3-2 荞麦叶斑病害危害状

霜霉病。霜霉病危害时期为幼苗及花蕾期与开花期，危害部位是叶片，危害症状主要是叶片出现水渍状、受害叶片正面可见到不规则失绿病斑，淡绿色小斑点，后病斑逐渐扩大，病斑变黄褐色，受叶脉限制，病斑呈多角形（图3-3a）。病叶背面产生淡灰白色的霜状霉层，即病原菌子实体。叶片从下向上发病，受害严重后时，叶片卷曲枯黄，最后枯死，导致叶片脱落，造成减产。在潮湿条件下，病斑背面出现紫褐色、或灰褐色稀疏霉层。危害规律是病菌靠气流和雨水传播；人为的农事生产活动是霜霉病的主要传染源。适宜的发病湿度为85%以上，特别在叶片有水膜时，最易受侵染发病。

防治方法：①清理田间病残体；②轮作倒茬；③用40%的五氯硝基苯或70%的敌可松粉剂拌种，用量为种子量的0.5%。发病初期用800~1 000倍液的瑞毒霉，后期用75%的百菌清可湿性粉剂700~800倍液。

立枯病。甜荞立枯病 俗称腰折病，危害时期为苗期，危害部位是茎基部，一般出苗后半月左右发生，有时也在种子萌发出土时就发生病，危害症状主要是病苗茎基部出现赤褐色病斑，逐渐扩大凹陷，严重时扩展到茎的四周，幼苗萎蔫枯死（图3-3b）。常造成烂种、烂蚜，缺苗断垄，受害芽变黄褐色腐烂。子叶受害后出现不规则的黄褐色病斑，而后病部破裂脱落穿孔，边缘残缺，常常造成20%左右的减产。危害规律是菌丝体或菌核在土中越冬，且可在土中腐生2~3年。少数在种子表面及组织中越冬。菌丝能直接侵入寄主，通过水流、农具传播。

防治方法：①深耕轮作是在秋收后及时清除病残体，进行深耕，合理轮作。②药剂拌种可用50%的多菌灵可湿性粉剂250g拌种50kg；或用40%的五氯硝基苯粉剂0.25~0.5kg拌种100kg，其效果都很好。③喷药防治可在苗期发病用

65%代森锰锌可湿性粉剂500～600倍液；或用甲基托布津800～1 000倍液喷施，都有较好的防治效果。

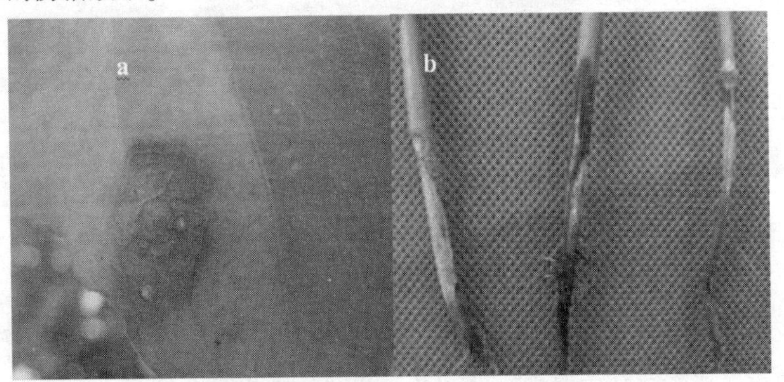

图3－3　荞麦霜霉病病叶（a）和立枯病害病根（b）危害状

二、荞麦虫害防治

目前，荞麦种植区域虫害发生程度越来越严重，直接影响到了荞麦产量的进一步提高及荞麦种植的推广。因此，荞麦虫害的控制是目前荞麦生产者急需解决的问题。

各地不同荞麦生产区的害虫种类、为害时期、为害程度有一定差异，主要跟当地气候条件、种植地的前茬作物、当季周围种植作物、播种时期有和环境生态条件有很大关系，同时，在临近荒地、荒坡和杂草丛生的生产区受到虫害种类较多，为害较严重。宁夏南部山区荞麦产区常年发生的虫害主要有钩刺蛾、草地螟、黏虫、甜菜蚜、二纹柱萤叶甲、小绿叶蝉、大青叶蝉、蝗虫等。

下面主要介绍钩刺蛾、草地螟、黏虫、蚜虫等几种荞麦生产区主要害虫的危害特征和发生规律。

钩刺蛾。钩翅蛾（*Spica parallelangula* Alpheraky）鳞翅目，钩蛾科。又叫荞麦卷叶虫，是仅为害荞麦叶、花、果实的专食性害虫，转寄主是牛耳大黄。

形态特征：是成虫体长10～13mm，翅展30～36mm，头、胸、腹、前翅均淡黄色，肾形纹明显，顶角不呈钩状突出，从顶角向后有一条黄褐斜线，有3条向外弯曲的“>”形黄褐线。后翅黄白色，中足胫节有一对距，后足胫节有两对距。卵椭圆形、扁平，表面颗粒状。幼虫体长20～30mm，污白色，背面有淡褐色宽带，有腹足4对，尾足1对，有少数趾钩。蛹体长约11mm，红褐色，梭形，两端尖，臀棘上有4根刺。钩翅蛾成虫一般7月下旬开始羽化，幼虫8月上中旬开始为害，9月上中旬达到为害高峰期，9月下旬幼虫老熟后入土化蛹越冬，直到翌年7月下旬羽化为成虫。

为害特点：初孵幼虫为害荞麦嫩叶叶肉，残留表皮，叶片受害处呈薄膜状，后幼虫吐丝卷叶，藏在其中，把叶片食穿。钩翅蛾发生原因主要与7—9月的降水量有密切关系，降水充沛、湿度大、气温（正常年份）适宜的情况下发生严重。由于钩刺蛾主要是幼虫取食荞麦叶片下表皮，并且幼虫有假死现象，幼虫受惊吓易掉落地面，防控难度相对较大。一般受害株率20%～30%，减产25%左右。大发生的减产40%以上（图3－4）。

防治方法：①深翻灭蛹，利用幼虫假死性和趋光性，实行灯光诱捕和人工捕杀，可以减轻钩刺蛾的为害。②幼虫三龄以前，可用0.04%的除虫精粉，施30～45kg/ hm^2，拌细土225kg，撒施于甜荞地；也可以用4 000倍2.5%溴氰菊酯类杀虫剂喷雾防治。

图3－4　钩刺蛾幼虫及危害情况

草地螟。草地螟（*Loxostege sticticalis* L.）属鳞翅目，螟蛾科，别名网锥额野螟、甜菜网螟、黄绿条螟等。草地螟是一种杂食性害虫、暴食性害虫。为害甜荞叶、花和果实，为害特点是初龄幼虫取食叶肉组织，残留表皮或叶脉。三龄后可食尽叶片。是间歇性大发生的重要害虫。大发生时能使作物绝产。草地螟是我国北方地区重要的迁飞性害虫。一般年发生1～2代，以老熟幼虫在土中做茧越冬。越冬代成虫一般5月上、中旬出现，6月上、中旬盛发，第一代幼虫危害期6月中旬至7月中旬，第二代幼虫一般年份危害较轻。由于草地螟为迁飞性害虫，做好一代草地螟防治尤为重要，降低虫口基数，减轻二代草地螟的为害。草地螟除为害荞麦叶、花和果实外，还为害豆类、马铃薯、甜菜及谷子等多种作物。

防治方法：①用网捕成虫，灯光诱杀，即在成虫羽化至产卵2～12天空隙时间，采用拉网捕杀；或利用成虫趋光性、黄昏后有结群迁飞的习性，采用灯光诱杀，效果较好。②幼虫三龄前用80%敌敌畏乳油1 000倍液，或用800倍90%敌百虫粉剂，或用2.5%的溴氰菊酯，或用20%速灭杀丁等菊酯类药剂4 000倍液喷雾，都有很好的防治效果（图3－5）。

图3-5　草地螟幼虫及危害情况

黏虫。黏虫 *Mythimna seperata*（Walker）又称剃枝虫、行军虫，俗称五彩虫、麦蚕，属鳞翅目夜蛾。是一种以为害粮食作物和牧草的多食性、迁移性、暴发性大害虫。除西北局部地区外，其他各地均有分布。大发生时可把作物叶片食光，而在暴发生年份，幼虫成群结队迁移时，几乎所有绿色作物被掠食一空，造成大面积减产或绝收。为害特点是黏虫成虫，是一种远间隔迁飞，暴食姓害虫，为害主要以幼虫咬食叶片，大发生时将荞麦叶片吃光，造成严峻减产，甚至绝收。特别是前作为麦田，玉米播迟的田块，稍不留意，因苗小棵少，可迅速全田被毁。荞麦黏虫一年发生多代，第一代黏虫能严重为害春播荞麦，第二代黏虫能严重为害夏播荞麦，而第三代黏虫则严重为害秋播荞麦。5 月中下旬、8 上中旬以及 10 月中上旬是黏虫为害的高峰期（图 3-6）。

防治方法：①根据测报情况，在田间采摘卵块，搜集烧埋枯心苗、枯黄叶。在幼虫发生密度大时，每天于 9：00 前和 16：00 后，可将幼虫震落在容器或地下，把虫打死。②幼虫三龄前用速灭杀丁或溴氰菊酯 4 000倍液，辛硫磷乳油 1 500倍液，氧化乐果 1 000倍液喷雾防治。3 龄后用乙敌粉剂、辛拌磷粉剂，清晨带露水喷粉防治。

蚜虫。蚜虫（*Aphis fabae* Scopoli）又名甜菜蚜，是世界广布性害虫，甜菜蚜是一种周期性、多食性的种类，寄主非常广泛。甜菜蚜为刺吸式口器的害虫，常群集于叶片、嫩茎、花蕾、顶芽等部位（图 3-7），刺吸汁液，使叶片皱缩、卷曲、畸形，严重时引起枝叶枯萎甚至整株死亡。蚜虫分泌的蜜露还会诱发煤污病、病毒病并招来蚂蚁危害等。荞麦甜菜蚜田间初出现在 4 月下旬至 5 月上旬，6 月上中旬达到为害高峰。主要为害夏播荞麦，待夏播荞麦采收后，以有翅蚜迁

图 3－6 黏虫及其危害情况

飞至秋播荞麦上形成秋播荞麦的虫源，9 中旬至 10 月上旬达到为害的二次高峰期。因此，控制好夏播荞麦甜菜蚜的种群数量，对缓减秋播荞麦蚜虫的防治压力具有积极作用。

防治方法：①农业防治，适当早播，培育壮苗，减轻危害；铲除杂草，降低虫口基数；利用和保护食蚜蝇、七星瓢虫、黑膝愈片隐翅虫、蚜虫蜂和草虫令等天敌，抑制蚜虫；悬挂黄色黏虫板诱杀蚜虫；②化学防治，在荞麦开花初期或蚜虫初发期，可交替选用 50% 抗蚜威（避蚜雾）可湿性粉剂 2 500倍液，3% 啶虫脒（莫比朗）乳油 1 200倍液，10% 吡虫啉（蚜虱净）可湿性粉剂 1 500倍液、8% 敌敌畏乳剂 1 500倍液，5% 灭蚜松（灭蚜灵）乳油 1 200倍液，30% 乐氰（虫青灵）乳油 1 500倍液，50% 高渗马（灭蝇王）乳油 1 800倍液喷雾。

图 3－7 蚜虫及其为害情况

三、荞麦草害防治

荞麦田间杂草是制约荞麦生产的重要因素之一。杂草与荞麦争水、肥，争地

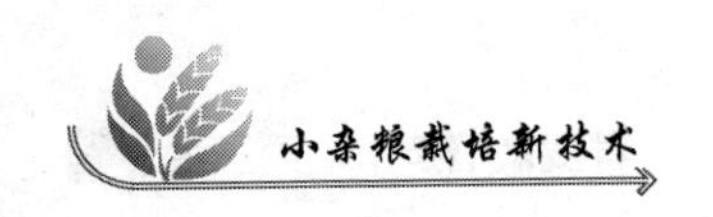

上、地下空间，影响荞麦的光合作用，干扰生长，降低品质和产量，同时降低土壤的利用价值；妨碍农事操作；传播农作物病虫害，降低农产品的品质和妨碍作物收割脱粒，尤其是在杂草群落单一的情况下，如果主要分布株型较高的杂草，则防控难度加大，危害更加严重。由于生态条件、土壤类型、耕作栽培制度、播种季节等的不同，宁夏南部山区荞麦产区杂草分布不尽相同，主要分属于3个科(禾本科、唇形科和苋科)，有9个种。

农业防治。对于宁夏南部山区荞麦主产区来说，由于该区域全年降雨较少，一般情况，5月上中旬大部分杂草开始陆续出苗，荞麦播种适宜时期为6月中下旬，在荞麦播种前将要种植的荞麦地块耕翻整地一次，充分晾晒，一边是清除杂草，一边是等雨播种，降雨后抢墒随机用机械化条播种植，种子在土壤中深度一致，出苗均匀整齐，生长较快，待荞麦封垄后杂草很难生长起来，所以在宁夏南部山区特别是固原地区播前耕地整地是防治杂草的主要措施之一；另外，杂草群体密度较大时，人工防除。

化学防治。即选用除草剂，可以使用金都尔进行除草，对禾本科草、阔叶草防效达75%，且持效期长，具有增产作用。荞麦田还可使用威马和精禾草克除禾本科草，对禾本科草防高达95%以上，且增加产量。也可以综合使用上述的两项技术，首先在播种时喷施金都尔能防除田间大部分阔叶草和禾本科草，如果禾草危害严重的地区可以在苗期再喷施一次威马和精禾草克。

但应注意的是：草甘膦、盖草能、扑草净对荞麦田杂草的防效较差，不能用于荞麦田除草。荞麦田禁止使用除草剂田普、氟乐灵、一遍净、莠去津、豆轻闲、双草除、烟嘧磺隆、玉乐宝、百草枯、玉草克、使它隆、立清乳油、苯磺隆、2甲4氯。

第五节 甜荞优良品种

一、宁荞1号

固原市农业科学研究所从混选三号辐射后的变异单株系统选育而成。特征特性：全株绿色，株高90cm左右，主茎节数10节，主茎分枝4个，株型较紧凑。叶椭圆形，白花、雄蕊粉红色。籽粒三棱形、棱角突出，粒色褐色，千粒重38.0g，籽粒饱满，籽粒中含粗蛋白质12.6%，粗脂肪2.5%，水分13.7%。中晚熟品种，生育期80d，比混选三号提早成熟10d以上，田间生长势强、生长发育整齐，结实集中，落粒性适中，适应性广。产量表现：1998 年区域试验平均产量 985. 1kg/hm^2；1999 年区域试验平均产量 587. 6kg/hm^2，比北海道荞麦增产 23. 9%；2000 年生产试验平均产量 1 669. 5kg/hm^2，比北海道荞麦增产 19. 4%。适宜在宁南山区荞麦主产区正茬种植。

二、信农 1 号

固原市农业科学研究所从日本引进选育而成。特征特性：幼苗生长旺盛，叶色深绿，叶心形，株型紧凑，株高 73. 7 ~ 136. 4cm，主茎节 9. 7 个，主茎分枝 4. 5 个，白花，株粒数 73. 7 个，株粒重 1. 9g，籽粒三棱形，粒灰褐色，千粒重 26. 7g。籽粒含氨基酸（干基）13. 10%（其中赖氨酸 0. 80%），粗蛋白（干基）13. 60%，粗脂肪（干基）2. 63%，粗纤维（干基）12. 55%，粗淀粉（干基）60. 0%，灰分（干基）2. 22%，水分 12. 1%。生育期 77 ~ 99 天，中熟品种。抗旱，抗倒伏，耐瘠薄，田间生长势强，生长整齐，结实集中，落粒性中等，适应性广，田间生育整齐、长势强，抗逆性和适应性较强。而且籽粒大棱角突出，便于加工脱壳，平均单产 65. 40 ~ 101. 15kg/亩，比对照增产9. 79% ~ 16. 86%，适宜在宁南山区及周边荞麦主产区种植。

三、北海道

固原市农业科学研究所引种鉴定选育。特征特性：株高100 ~ 102cm，花色白，粒色黑色麻纹，茎秆基部紫红上部绿色，籽粒三棱形，棱翅明显，千粒重 30g，生育期 70 ~ 78 天，属中早熟品种，一年春夏能播种两次，耐旱、耐瘠、耐涝，抗倒。1987—1989 年区域试验结果，比当地甜荞平均增产 18. 4%。1994—1995 年被列入宁夏科技兴农重大科技成果推广计划项目。

四、榆荞 2 号

固原市农业科学研究所引种鉴定选育。特征特性：株高 90cm，红秆绿叶，花色粉红，粒色棕色，千粒重 30g，生育期 80 ~ 85 天，属中晚熟品种，1987—1989 年参加宁南山区区域试验，结果比当地甜荞平均增产 17. 7%，1992 年与北海道一并获宁夏科技进步三等奖。

五、美国甜荞

固原市农科所通过引种鉴定选育而成，特征特性：生育期 60 ~ 66 天，株高 60cm，白花，粒棕褐色，全株绿色，株形紧凑，籽粒三棱形，棱角突出明显，千粒重 26 ~ 32g，属早熟品种。该品种比当地荞麦早熟 15 天以上，在宁夏干旱、半干旱及阴湿地区正茬播种或复播，早霜来临之前都能正常成熟，是麦后复种及救灾备荒的理想品种。

在各点不同年份生长发育表现为：随着气温的升高，生育进程加快，生育日数缩短。所以，在宁夏干旱、半干旱及阴湿区正茬播种或复种在早霜来临之前都能正常成熟。缺点是易落粒。1991—1993 年参加宁南山区品种区域试验，比当地甜荞增产 21.5%，1993—1995 年参加全国荞麦良种区域试验，先后在 13 个省区设点试验，三年 29 点次试验结果比对照品种增产 11.1%，全国荞麦科研协作组认为："三年区域试验结果表明，美国甜荞具有早熟，高产、适应性广的特点，适宜北方春荞麦区的河北北部、山西西部、内蒙古西部和宁夏南部推广种植"。

六、岛根荞麦

宁夏种子管理站，固原市农业科学研究所从日本岛根县引进选育，株高 70cm，主茎节数 8 个，分枝 4 个，株粒数 56 ~ 74 粒，千粒重 30g。籽粒饱满，籽粒含水分 10.72%，粗蛋白 13.68%，粗脂肪 20.0%，粗淀粉 63.4%，赖氨酸 0.36%。花白色，全株绿色，株型紧凑，籽粒黑色，三棱形，棱翅明显，生育期 76 天，属中早熟品种，田间生长整齐、长势强、抗旱、抗倒伏、结实集中。1995—1997 年参加宁南山区荞麦品种区域试验，结果平均比北海道荞麦增产 7.7%，是宁夏"九五"科研成果之一。适宜宁夏南部干旱、半干旱地区及阴湿地区推广种植。

七、蒙 -87

内蒙古自治区农牧业科学研究院 1987 年从内蒙古地方农家品种中采用单株多次混合选择方法选育而成。特征特性：株高平均 72cm，抗倒伏，主茎分枝平均 3.8 个，主茎节数 10.6 节，千粒重 30 ~ 33g，皮壳率低，籽实粗蛋白质含量 11.5%，淀粉含量 53.5%，脂肪含量 2.9%。经济性状和产量性状较好。早熟品种，生育期 75d 左右。产量表现：在内蒙古鄂尔多斯市准格尔、东胜等地与当地农家品种和黎麻道进行对比试验，单产 1 008 kg/hm^2，比黎麻道增产 6.5% ~ 15.5%。适应性强，抗旱，早熟，抗病性强。适宜区域：适宜在内蒙古及陕甘宁荞麦主产区种植。

八、定甜荞 1 号

甘肃定西旱作农业推广中心从定西甜荞混和群体中选育而成。特征特性：属普通荞麦（甜荞）。株型紧凑，株高 70 ~ 90cm。茎秆紫红色，花白色，籽粒黑褐色，三棱形。主茎分枝数 3 ~ 5 个，主茎节数 7 ~ 9 个，单株粒重4 ~ 6g，千粒重

28g。籽粒粗蛋白含量15.28%，淀粉66.59%，粗脂肪3.32%，芦丁0.40%。生育期80d左右。抗倒伏，抗旱，耐瘠薄，落粒轻，适应性强。2000年、2001年、2002年参加6轮区试，平均产量分别为1 080.6kg/hm^2、894.3kg/hm^2、1 070.1kg/ hm^2，分别比统一对照增产2.3%、减产0.4%和增产3.8%，3年平均产量为1 020kg/hm^2。产量表现：2000—2002年参加6轮区试，平均产量为1 020.1kg/hm^2，比对照平养2号增产2.0%。2003年生产试验平均产量808.5kg/hm^2，比对照增产19.4%。适宜区域：内蒙古、甘肃、陕西、宁夏等甜荞生产区种植（图3－8）。

荞麦生产前景十分广阔，应当进一步开拓荞麦生产的国内外市场，增加农民的收入，以促进农村经济的稳定发展。要克服荞麦产区的农民自给自足的小农经济意识，不断提高广大农民的市场经济意识，大力发展荞麦生产，满足国内外市场需要。充分利用我国农村荞麦生产的土壤、气候等自然条件、农村剩余劳动力多以及农民种植荞麦经验丰富的优势，依照荞麦生产期短、适应范围广、具有耐旱、耐脊等特点，扩大荞麦种植面积，尤其是扩大优质荞麦种植面积及生产量。充分利用间作、套种、混种等种植模式，提高土地利用率。还可利用生产条件差的山丘地、旱薄地以及新垦地进行种植，优化粮食品种和产量结构。同时，要把我区荞麦生产与农业环保、农业旅游等紧密结合，利用荞麦食疗和食补的双重价值，推动环保、旅游、饮食服务、医疗等相关产业的发展。

图3－8 荞麦优质栽培田间生长情况（本章照片由常克勤摄）

第四章 燕麦栽培技术

莜麦为一年生草本植物，在植物学分类系统中属禾本科（Cramineae），燕麦属（*A. vena*）。燕麦属有燕麦（*A. sativa*）、莜麦（*A. nuda*）、野燕麦（*A. fatua* L）3 个种，按外浮性状特征又将燕麦分为皮燕麦（有稃型）和莜麦（裸粒型）两大类，俗称皮燕麦和裸燕麦。世界其他国家栽培的燕麦以皮燕麦为主，绝大多数用于家畜家禽的饲料。中国栽培的燕麦以莜麦为主，籽实作为粮食食用，茎叶则用于作牲畜的饲草，因此，莜麦是一种粮草兼用型作物。

莜麦作为上等杂粮。性喜冷凉、湿润的气候条件，适宜在气温低、无霜期短、日照充足的条件下生长，是一种长日照、短生育期、要求积温较低的作物，集中产于宁夏南部山区中高山地带。莜麦根系发达，吸收能力较强，比较耐旱，对土壤的要求也不严格，能适应多种不良自然条件，即使在旱坡、干梁、沼泽和盐碱地上，也能获得较好的收成。其生长期与小麦大致相同，但适应性甚强，耐寒、耐旱、喜日照。因其单产低，在其他一些地区已不多种。但由于宁南山区自然环境极宜莜麦的生长，因而山区农民一直都有种植莜麦的习惯。这里所产的莜麦，质量特优，其营养成分的含量，远比其他省产的莜麦为高。因此，这一地区作为我国主要莜麦主产区之一得到国家和自治区人民政府的支持和帮助。

第一节 轮作倒茬

莜麦属须根系作物，一般只吸收耕作层养分，因而不太费地，茬口好，便于和小麦、玉米、谷子、马铃薯、胡麻、豆类、糜黍等作物轮作倒茬。在宁夏莜麦区，很早就有麦豆轮作的习惯，群众中历来有“豌豆茬是莜麦窖”的说法。增产的主要原因是由于豌豆根部有根瘤菌，可以把空气中的天然氮素固定到根瘤之中，增加土壤中的氮素；枯枝落叶还能增加土壤中有机质。豌豆又是夏季作物，收获早，土壤可蓄积较多的水分。此外，马铃薯茬也是莜麦的较好前茬。

莜麦同其他多数作物一样，不宜连作。长期连作则一是病害多，特别是坚黑穗病，条件适宜的年份往往会造成蔓延，严重时发病率可达15%以上；二是杂草多，因莜麦幼苗生长缓慢，极易被杂草危害，特别是使野生燕麦增多，严重影响莜麦生长；三是不能充分利用养分。莜麦连作，每年消耗同类养分，造成土壤里某些养分严重缺乏。莜麦是一种喜氮作物，需要较多氮素，如果长年连作，造成氮素严重缺乏，就会使莜麦生长不良。在水肥不足的情况下，影响就更大。因此，种植莜麦必须进行合理的轮作倒茬，这样不仅使病菌和燕麦草生长的环境条件改变，便于铲除和控制其发生，而且由于前茬作物品种不同和根系深浅所吸收的养分不同，可以调节土壤中的养分，做到余缺调剂，各取所需。这正是群众说的“倒茬如上粪”的道理所在。如果在轮作倒茬的同时，再配合施肥和耕耙等措施，就会进一步使地力得到恢复。

宁夏莜麦种植区，一般人少地多，年降雨量偏少，多数又无良好灌溉条件，为了恢复土壤肥力，应采用草田轮作的办法，其主要方式有两种：草田－莜麦－豆类或马铃薯－莜麦－草田。或者是：草田－胡麻－豆类或马铃薯－莜麦－草田。另外，除选用抗病品种外，建立无病品种基地及实行“豌豆一小麦一马铃薯一莜麦一胡麻一豌豆”5年轮作制度，是防治坚黑穗病发生的有效措施。

第二节 整地与施肥

一、深耕施肥

秋深耕是莜麦产区抗旱增产的一项基础作业。前作收获早，应进行浅耕灭茬并及早进行秋深耕。如前茬收获较晚，为了保蓄水分，可不先灭茬而直接进行深耕，并随即耙耱保墒。

秋耕的好处：一是蓄水保墒。秋耕就等于在地里修了许许多多“小水库”和“肥料库”。因为宁夏莜麦区上冻前仍有一定的雨量，如及时深耕，不仅能疏松土壤，使土壤早休闲，利于恢复地力，把已有的水分保存下来，而且还能把上冻前后的雨雪积存下来，蓄墒过冬。二是利于改良土壤，秋季深耕结合施用高质农家肥料，经过一段较长时间的腐熟，土壤中的微生物和菌类的活动作用促进了土壤熟化，改良了土壤团粒结构，提高了土壤的肥力。三是利于促全苗。秋耕施肥，地整得细，土壤墒情好，比边耕边种好促苗。植物根系有趋肥向水性，秋耕施肥较深，利于早扎根，深扎根，长壮根。

总之，秋耕施肥是抗旱的重要措施之一。本区莜麦产地多为高寒山坡，水源奇缺，莜麦多在旱地种植，改春耕为秋耕，耕地时间比过去提早，耕翻深度由过去10~13cm加深到23~25cm，是获得增产的主要措施。

为了保蓄水分，春耕深度应以不超过播种深度为宜。研究结果表明，应早应细，随收随耕，浅耕灭茬，结合施肥秋季深耕，春季需要浅翻。如果春天深翻容易跑墒，影响出苗。

秋耕施肥技术：前作物收获后，应当先进行浅耕灭茬。经过耙耱，清除根茬，消灭坷垃，准备施肥。施足底肥对莜麦增产极为重要。每亩施用混合高质农家肥料2 500kg，而且要施足施匀。较大的粪块要打碎打细。为了保证在短时间完成全部莜麦地的秋施肥任务，应有计划地做好各项准备工作，并在秋收之前将肥料运到地头，作到边收、边灭茬、边施肥、边秋耕，达到速度快质量高，改良土壤的理化性状，提高土壤的蓄水保墒能力。

莜麦是须根系作物，85%以上的根系分布在20~30cm的耕作层里。因此，莜麦深翻的深度应超过根系分布的深度。莜麦深耕还要根据土壤性质和土壤结构来确定。一般说，黏土和壤土要深，沙土地和漏水地要浅。并注意不要因深耕打乱活土层。土地深耕后，要精细地做好耙耱和平田整地工作。尤其机耕后留下的犁沟和耕不到的地头，要及时进行补耕平整，否则，不易促全苗。

秋耕施肥后，上冻前耙耱与否，要因地制宜，针对不同情况决定。一般来说应该耙耱。尤其是二阴下湿地因土质黏，坷垃多，要耙耱结合。而坡梁地因土质松散，应以耱为主。秋耕耙耱后，到春天坷垃少。特别是在一些高原地区沙多土层薄的情况下，应当多耙多耱。也有的地区为促进土壤熟化，保留积雪，耕后不耙不耱，第二年春天及早顶凌耙耱。有的秋耕地后，第二年春天不再耕翻，播种前，只用犁串地6~8cm。串地的作用是为了活土除草，提高地温，减少水分蒸发，并结合施入浅层底肥。串地后经1~2次耱地，即可播种。在春季十分干旱的情况下，一般只采取耱地，不再串地。但什么事情也都不是一成不变的，而应灵活掌握，因地制宜，如果个别年份，春播时土壤过湿，就得耕翻晾墒。

秋耕施肥即便在夏莜麦区时间充足，也是越早越好。由于庄稼刚收后，土壤湿润，及早深耕阻力小，耕得快，耕得细、质量高、保墒好。若因前茬收获过晚，来不及秋耕的，在春季播种前进行春耕时，为减少土壤水分损失，可只进行浅耕耙耱，相随播种较为有利。

新开垦荒地和休闲地，因杂草多，耕后土块大，为保证耕作质量，耕翻时期以伏雨前为宜，耕地深度以能将草层埋到犁沟底部为佳。耕后要进行耙耱除草工作，使土壤上虚下实、保蓄水分，为种子发芽创造良好的条件。

二、整地保墒

秋耕以后，进入严寒的冬季，土壤自上而下冻结。上层冻结后，温度比较低，受温差梯度影响，下层水分通过毛细管向上移动，以水气形式扩散在冻层孔隙里，凝成冰屑。这就是春季土壤返浆水的主要来源，也是三九天滚压和顶凌耙地保墒好的主要依据。土继返浆以后，尤其是接近春末夏初之交，气温升高，土壤干燥，土壤中水分运动形式改变，由原来的毛细管蒸发为主，转变为气态扩散为主，不再完全受毛细管作用的影响。此时单纯耙耱已经不能很好地控制土壤中水分的扩散，需要和镇压提墒紧密结合。根据这一自然规律，应把秋耕、施肥、蓄墒和三九天滚压、春季整地保墒工作结合起来，形成一套完整的旱地整地技术来加以运用。

耙耱保墒。经过耙耱的土地，切断了土壤毛细管，消灭坷垃，弥合裂缝，可以减少水分的蒸发。特别是顶凌耙地，可使土壤保持充足的水分，保墒的效果更好。耙耱多次比耙耱一次的地块，干土层减少 10cm 左右，土壤含水量提高 4.2% 左右。

早犁塌墒。有的地方土地刚解冻就行浅耕，并结合施肥，即把沤好的农家肥料和一部分氮、磷肥均匀撒开，而后浅串，深度 10cm 左右。有的在播前 7 ~ 15 天浅耕、细耕，耕后耱平。试验结果证明，同样一块地，都经过了秋耕施肥，而春天串地的时间早晚不同，那么土壤含水量、地温、小苗长势都有明显的差别。春季早耕比晚耕土壤含水量高，地温适宜，控制了茎叶生长，有效地促进了根系发育，起到了蹲苗壮苗作用。

镇压提墒。串地后气温升高，正是春旱发生的时期。土壤水分以气态形式扩散，土壤中的含水量迅速下降，这时候单纯耙耱就不行了，必须耙耱结合镇压，碾碎坷垃，减少土壤空隙，减轻气态水的扩散。镇压同时还能加强毛细管作用，把土壤下层水分提升到耕作层，增加耕作层的土壤水分。镇压后耙耱，切断土壤表面的毛细管，使水分保存下来。

镇压有两种方治。一种是石磙镇压；另一种是打坷垃。经过普遍的拍打，使表土踏实。镇压过的土壤容重由 1.12g/cm^3，提高到 1.17g/cm^3。干土层减少，土壤耕作层含水量提高。镇压后土壤温度也稍有提高，10cm 土层内硝态氮有增加趋势。经过耙耱镇压，地面平整，播种层深浅基本一致，可使出苗早、出苗齐、扎根快、小苗壮。

镇压的先后，要根据土质和干旱程度来决定。一般是压干不压湿，先压沙土，再压壤土，后压黏土。对于跑墒严重、土坷垃多、整地粗糙的地块，尤其要搞镇压和打坷垃。整地保墒也要根据不同情况灵活掌握。耙耱和镇压次数要因地制宜。干旱严重，要多耙、多耱、重镇压。如果雨多地湿和二阴下湿地，不但不能镇压和耙耱，还得耕翻晾墒。一般情况下，秋耕施肥地在春天只犁串一遍，多耙多耱，打碎坷垃，即可播种。经过秋耕施肥和春耕保墒整地，莜麦地达到无坷垃、无根茬、土地平整细碎、上虚下实，即使一春无雨。地表二指深处的土壤仍是湿漉漉的，就可以保住全苗。

对于干旱地区的精细整地。经过以上秋冬春连续作业之后，一般地块墒土都比较好，为播种工作打好了基础。

三、施肥技术

莜麦根系比较发达，有较强的吸收能力，增施肥料，并施用质量较高的有机肥料是确保莜麦苗壮、秆粗、叶绿、穗大、粒多、粒饱及增产效果明显的主要措施。许多莜麦的高产田一般莜麦地都用大量的农家肥料作底肥。施肥要施底肥、浅层肥、种肥、追肥。要实行农家肥为主，化肥为辅；基肥为主，追肥为辅，分期分层的科学施肥方法。

（一）施足底肥

农家肥料做底肥，不仅有后劲，肥效持久，而且可以使土壤形成团粒结构，使土壤疏松、透气，有利于土壤中微生物的活动。有条件每亩混施磷肥 25 ~ 50kg。第二年春播前再亩施 750 ~ 1 000kg 土羊粪（或猪粪）作浅层底肥效果更佳。、

（二）科学施肥

多施肥、施好肥固然可以增产，但如果加上科学施肥，增产的效果会更大。莜麦需要“三要素”的数量，以亩产 200kg 计算，每亩需要可吸收的氮 6kg、磷 2kg、钾 5kg。多年来，广大群众在莜麦科学施肥上积累了丰富的经验。例如，将多种肥料混合在一起，制成混合肥施用；背阴和冷性地增施骡马粪、羊粪等热性肥料；沙地多施土粪、猪粪等凉性肥料；高寒地区为了提高地温，可大量施用炕土、羊粪、骡马粪作基肥。

为了提高肥效，要提倡集中施肥。肥多的地方，可结合秋耕或春耕施足底肥。地多肥少的地方，为使肥料充分发挥作用，可采用沟施办法，把肥料集中施于播种行内。还可以施用细碎腐熟的人粪干、饼肥、羊粪，播种时采取一把肥料几颗籽的办法。尤其在条件较差的旱地，要坚持以种肥为主。山西省高寒作物研

究所施硝酸铵作种肥的试验结果证明，1kg 种肥平均可增产 6.1kg 莜麦，比不施用农家肥的莜麦增产 16.5%。

各种肥料要充分沤制腐熟。磷肥作底肥，要在施用前和农家肥混合沤制。如果直接施用，易在土壤中固定，不便于莜麦吸收。在施足底肥的基础上，莜麦分蘖阶段和拔节后、抽穗前，还应追一两次化肥（尿素），以保证莜麦一生不缺肥。

目前，莜麦地块的施肥水平普遍很低，甚至有相当数量的莜麦地基本上不施肥。这些地方如果做到大粪滚籽，消灭了白茬下籽，莜麦就会有较大幅度的增产。

第三节 播种技术

播种是莜麦栽培技术中的重要一环。搞好播种，是获得莜麦高产的重要措施，因此，必须精益求精，认真抓好。

一、选种

不管那种作物，播前对种子做进一步的精选和处理，都是提高种子质量，保证苗全苗壮的措施之一。"母壮儿肥""好种出好苗"就是选种道理。莜麦的选种更为重要。因为莜麦是圆锥花序，小穗与小穗间，粒与粒间的发育不均衡，小穗以顶部小穗发育最好，粒以小穗基部发育最好，所以，应通过风选或筛选选出粒大而饱满的种子供播种使用。

二、晒种

晒种的目的，一是为了促进种子后熟作用，二是利用阳光中紫外线杀死附着在种子表皮上的病菌，减少菌源，减轻病害。种子经过冬季库存，温度较低，通过晒种，能使种子内部发热变化，促进早发芽，提高发芽率，因此，是一个经济有效的增产措施。晒种方法很简便，按群众的经验，播种前几天，选择晴天无风，将种子摊在席子上晒 4 ~5 天，即可提高莜麦种子的活力，提早出苗 3 ~4 天。

三、发芽试验

莜麦是较耐贮藏的一个品种，保存多年后，仍可发芽，一般地讲，头年收获的莜麦可不作发芽试验。但是，如果收获时遇雨或贮藏条件不好，因潮湿而发生变质现象，就应做发芽试验。假如是从外地引进的种子，都应该在播种前做发芽试验。发芽率在 90% 以下，要适当增加播种量。发芽率在 50% 以下者，不宜做

种子。

四、拌种

莜麦坚黑穗病近年又有回升，且很普遍，因此，必须大力推广药剂拌种，拌种药剂是0.3%的菲醌或拌种双。同时用5%的七氯粉拌上煮制的毒谷或毒土随种播入土壤，防治地下害虫。

五、播期

选择适宜播期，充分利用自然条件，是目前夺取莜麦高产的一项重要措施。在莜麦一生的生长发育中，最主要的是播种、分蘖、拔节、抽穗和成熟5个时期，而播种期又是前提和基础。俗话说："见苗一半收。"说明播种不仅影响着苗全苗旺，同时对以后的4个时期也起着决定性的作用。

莜麦是喜凉怕热作物。莜麦播期的选择和确定，都必须自始至终考虑到"喜凉怕热"这一特点。就是说，不仅要考虑到播种期是否符合这一特点，而且更重要的还要考虑到以后的各生育阶段是否也适应这一特点。凡符合这一特点的就是适宜播期，否则就不是适宜播期。

根据这一自然特点和群众多年来的实践经验，宁夏莜麦区的适宜播期，一般应在春分到清明前后，最迟不宜超过谷雨。

六、合理密植和播种方式

合理密植就是根据气候特点、品种类型、种植方式、耕作措施等条件，创造一个合理的群体结构。在正常的情况下，同一个莜麦品种，其子粒和秸秆都保持着一定的比例。如果是粒多秸少，说明是稀植了；如果是粒少草多，说明是密度过大了。只有在莜麦的子粒和秸秆达到合理的比例时，密度才比较合理。一般说，二者如达到1∶1，即单位面积收获的籽粒产量和秸秆产量相同时，反映出的密度比较合理。在这一原则指导下，确定具体的播种量时，又必须根据不同的耕作条件来确定。一般在高水肥土地，播量应为127.5～142.5kg/hm^2。中水肥地亩播量为112.5～127.5kg/hm^2。旱薄地播量为90kg/hm^{2}左右。另外，在推迟播种的情况下，播量要适当增加30～45kg/hm^2。

播种方式目前大体可分为耧播、犁播和机播。耧播主要适用于坡地和沙性大的土壤，它具有深浅一致、抗旱保墒、省工、方便的优点，适宜在大片地、小块地、山地、凹地、梯田等各种地形上播种。犁播有撒子均匀、播幅宽、便于集中施肥等优点。机播既有耧播的优点又有犁播的优点，而且速度快、质量好。播前一定要查墒验墒，根据不同土壤和地形的墒情状况，确定播种顺序和播种方式。

一般播种深度3cm，黑钙土和半干旱区4～5cm，如果特别干旱时可种到5～6cm。

七、播后砘压

莜麦无论采用任何方式播种，在土壤干旱情况下，播后均需砘压。作用不仅在于使土壤与种子密切结合，防止漏风闪芽，而且便于土壤水分上升，有利发芽出苗。滩地和缓坡地随播随砘。坡梁地因受地形限制，一般情况下打砘要比耱地有利于获得全苗壮苗。

第四节 田间管理

农谚说："三分种、七分管"。只有在种好的基础上，认真加强莜麦的田间管理，才能达到苗壮、秆粗、穗大的目的。莜麦的田间管理，主要分为三个阶段，即苗期管理、分蘖抽穗期管理和开花成熟期管理。

一、苗期管理

莜麦苗期的生育特点。莜麦从出苗到拔节为苗期。其生育特点是，莜麦播种后到出苗前，种子萌发与幼芽生长，全靠胚乳贮藏的养分供给。这一阶段需水很少，只要有黄墒土即可出苗。所需要的空气（氧气）和温度，一般均可满足供给。此时只要认真做好精细整地，种后耱平、破除板结、预防卷黄，即可保证全苗。出苗后到分蘖前，主要是生长根系，根系数和根重增加较快，而茎叶生长较慢。如果苗期根系没有扎好，拔节后地上部分猛长，根系生长就要受到影响，这个损失就很难弥补。所以"壮苗"和"麦要胎里富"的实质，就在于积极促进地下根系生长，适当控制地上部分的生长，达到根旺苗壮。所以说，"上控下促"，这是苗期管理的主要目的。

高产莜麦苗期的长势长相。根据实践和多年观察，高产莜麦苗期长相，应当是满垄、苗全、生长整齐、植株短粗茁壮。单株的长势是秆圆、叶绿、根深。

苗期的田间管理措施。莜麦苗期田间管理的中心任务，是保全苗、促壮苗。为使小苗蹲实茁壮，在播种之前就要做到整地精细，科学施肥和种子处理等，为壮苗打下基础。在此情况下，要及早加强苗期的田间管理。莜麦苗期田间管理的主要措施是早锄、浅锄。一般莜麦区，春季干旱，莜麦生长缓慢，杂草极易混生，第一次中耕锄草不仅能松土除草，提高地温，切断土壤表层毛细管，减少水分蒸发，达到防旱保墒，而且能调节土壤中水分、温度和空气的矛盾，促进根系发育，早扎根、快扎次生根，形成发达的根系，加强根系吸水与新陈代谢的作

用。尤其是二阴地和下湿盐碱地，第一次中耕锄草有提温通风、切断毛细管、防止盐碱上升发生锈苗的作用。

在具体运用上是干锄浅、湿锄深。即在干旱情况下浅锄，切断毛细管，保墒防旱，达到干锄湿；在雨涝情况下，深锄晾墒，促进土壤水分蒸发，达到湿锄干。通过锄地可以保证莜麦生长有一个适宜的土壤环境。近几年春季温度高，便有蚜虫苗期传毒造成早期幼苗红叶枯萎现象和地下蝼蛄、蛴螬伤苗等问题，因此在早锄的同时，还应注意防治苗期的病虫害。

总之，苗期根系发达，植株茁壮，就为后期壮株大穗打下了基础。如果杂草丛生，莜麦生长弱小，根系少，茎叶细弱，就不能有效地抗病、抗倒。

二、分蘖抽穗期的田间管理

（一）防止倒伏

宁夏莜麦主要是旱地种植，但也有个别农户在川道水地种植，当前，水地莜麦栽培中存在的突出问题是倒伏与丰产的矛盾，这是限制水地莜麦产量提高的一个主要因素。据调查，倒伏一般减产10% ~40%，而且降低莜麦品质和秸秆的饲用价值。

莜麦倒伏有茎倒和根倒两种，常见的是根倒。造成倒伏的外界因素是栽培密度不当，施肥浇水不科学，以及不良气候（大风、暴雨）等的影响；内在因素是植株的抗倒能力弱，不能适应外界的自然条件。因此，防止倒伏的根本途径，是要从内在因素出发，采取综合措施，提高植株的抗倒能力。

深耕壮秆。深耕不仅对莜麦生长有重要作用，而且是壮根壮秆的重要措施。深耕后种植的莜麦，根数明显增加，茎粗也较明显，根系发达，次生根生育健旺，不仅可以从土壤中摄取更多的养分，而且对于茎秆有牢固的支撑作用，对防止倒伏有重要作用，有些地方在盐碱地进行铺沙，改良土壤，也有显著的防倒伏作用。

适当早播。莜麦早种，苗期气温低，有利于幼穗和根系生长；拔节成熟干旱少雨，气温偏低，有利于控秆蹲节，限制植株狂长，基部节间缩短，茎秆比较粗壮，提高抗倒能力。

合理密植。莜麦倒伏与密度有很大关系。莜麦是喜凉怕热作物，如果密度过大，通风不好，造成茎秆细弱，茎壁组织不发达，容易倒伏。因此必须采取宽幅大垄，即播幅4.5 ~6cm，行距25cm左右。播种方法应以机播为主，增加播幅内单株营养面积，做到合理密植。经调查试验，凡是这样做的地块，茎秆粗壮，抗倒性强，分蘖适中，抽穗整齐，成熟一致，成穗率高，穗大粒多。

巧施水肥。根据典型调查，水地莜麦倒伏往往发生在底肥不足的情况下。由于底肥不足，影响了根部发育，从而使莜麦的营养生长与生殖生长以及内部生理机能引起失调。在此情况下，后期如果施肥浇水不当，必然造成倒伏。为了解决这一矛盾，必须采取前促后控的办法，以基肥为主，追肥为辅；农肥为主，化肥为辅；氮、磷、钾相互配合，防止营养失调。有的地方重施基肥，一般很少施追肥，特别是孕穗后，更注意少施或不施氮肥，对防止倒伏有明显的效果。在浇水上，要“头水早、二水迟，三水四水洗个脸”。早浇水既能满足幼穗分化对水肥的要求，又能达到壮而不狂，高而不倒的目的。有的地方在分蘖到孕穗前，浇二至三次水，孕穗后即停止浇水。浇后深锄两次，促进根壮。

前面几项措施是一个整体。适当早种是为控秆蹲节，但为了促进莜麦生长又需早浇水来促；早浇水对营养生长和生殖生长来说，是促进生殖生长，控制营养生长；宽幅大垄有利壮秆催苗，但为防止植株过高，后期又减少浇水，并实行轻浇。通过这一系列又促又控相结合的措施，就会有效地防止倒伏。但是，防止莜麦倒伏的根本性措施，是培育和选用抗倒的优良品种。

（二）控制花梢

莜麦空铃不实，称为花梢（有的地方叫白铃子、轮花）。莜麦的花梢率一般在15%左右，严重的达35%以上，对产量影响很大。因此，弄清花梢的成因，找出控制花梢的有效办法，同样是提高莜麦产量的一个重要措施。

花梢究竟是什么东西？它是如何形成的？长期以来人们对这些问题众说不一，分歧很大。有的认为花梢是一种病害，有的认为是药剂拌种的结果，也有的认为是光照、高温，干热风的危害所致（有的叫火扑）。山西农业科学院高寒作物研究所经过多年的试验与调查，认为莜麦的花梢并不是—种病害。它与谷子的秕谷和豆类的秕角一样，是一种生理特性。花梢的成因，也并不主要是光照、高温、干热风危害的结果，从根本上看，它是莜麦结实器官在不断分化、小穗和小花逐步形成的过程中，由于阶段发育所限与生理机能受到影响和抑制产生的。由于花梢是莜麦的—种生理特性，因此，花梢是不会完全消灭的，消灭了，莜麦的生命也就停止了。但是，花梢又是可以控制的，人们完全可以在掌握其规律的基础上，采取有效措施，相应地减少花梢，达到高产的目的。

莜麦花梢主要有3种类型：一是羽毛型。这是由于拔节到抽穗阶段营养不足形成退化的乳白色护颖。其形状是对生的两个窄小羽毛薄片。二是空铃型。这是一种刚刚形成的小穗，但小穗及小花为发育不完全的性器官。三是空花型。在正常的小穗中，由于营养不足等原因，形成了发育不完全的小花，形成有穗无籽的

空铃。

从花梢的着生部位看，其显著特点：一是上部少，下部多；二是主穗少，分蘖穗多。这些特点说明，莜麦花梢率的高低与莜麦体内营养物质的多少及其输送的先后次序有着极为密切的关系。在莜麦的生长发育过程中，先分化出来的小穗对营养物质的吸收既早又多，因而花梢少，而后分化出来的小穗对营养物质的吸收既迟又少，因而花梢就相应增多，于是形成莜麦花梢上部少，下部多；主穗少，分蘖穗多的普遍特点。找到了这个规律，我们就可以集中围绕莜麦体内营养物质的制造、输送以及有关的外部因素，采取各种相应措施，因势利导，控制和降低花梢率。

增加营养物质。是降低花梢率的前提条件。试验结果表明，如果在生长发育阶段，特别是前期阶段，土壤中的水肥充足，莜麦体内吸收的营养物质就多，因而大大促进了穗分化，增加了小穗数，并在很大程度上减少了花梢的形成条件。反之，如果营养不足，不仅影响穗分化，减少小穗数，而且由于先天性不足，会产生大量的花梢。要增加营养物质，就必须注意科学施肥科学浇水。从施肥情况看，试验表明，多施氮肥的，比少施的花梢率低；以氮肥作种肥的比作追肥的花梢率低；氮、磷、钾三要素配合施用的比单独施用的花梢率低。如果农肥与化肥配合施用，则效果更为明显。从浇水情况看，试验表明，在莜麦抽穗前 12 天左右的降雨量对花梢的发生有密切关系。降雨多则花捎率低；降雨少则花梢率高。同时抽穗前 5 天的湿度也直接影响花梢的多少。同样情况下，如果从分蘖到抽穗阶段适时灌水，经常保持土壤的一定湿度，就在很大程度上减少了花梢增加的条件，因而能同时收到花梢率低、产量高的双重效果。另外，轮作倒茬与花梢也有密切关系。特别是在气候干旱、土壤瘠簿的高寒山区，前茬作物对土壤中水肥的储备影响很大。试验证明，胡麻茬的花梢率比黑豆茬高，黑豆茬的花梢率又比马铃薯茬高。所以说，正确地选茬轮作，合理地养地，使土壤中的水肥积蓄较多，就会相应地增加土壤肥力，减轻花梢的发生。

促进营养物质的输送。这是降低花梢率的关键一环。莜麦是一种喜凉怕热作物，喜欢凉爽而湿润的气候环境。如果在生长发育过程中温度过高，就会使莜麦的发育阶段加快，生育期缩短，从而影响营养物质的制造和输送，同样会使花梢增多，产量降低。夏莜麦区的播种期试验结果表明，从清明到小暑分期播种的莜麦，随着播期的推迟，各个生育阶段的温度相应上升、花梢随之增加，产量随之下降。因此，合理调节播期，适当早播，减少高温对莜麦的影响，就能减轻花梢，提高产量。莜麦种植密度与化梢也有直接关系。如果密度小，分蘖就多；分蘖多，就会影响单株莜麦体内营养的消耗，减慢输送速度，导致花梢增加。这也就是花梢着生部位所以形成主穗少、分蘖穗多的主要原因。如果密度适当加大，相应减少分蘖穗，就可更多地发挥主穗的威力，加快营养的输送和吸收，有效地降低花梢率。但是，如果密度过大，反而会因为主穗的群体过多，营养供不应求，同样会导致花梢的增加。只有因地制宜、合理密植，才能收到良好效果。

培育和选用优良品种。这是降低花梢率的根本措施。莜麦的品种不同，花梢率也不同。在现有的莜麦品种中，大体分 3 种情况：一是小穗数少，产量较低，花梢率也低；二是小穗数多，产量较高，花梢率也高；三是小穗数多，产量较高，花梢率较低。在选用品种时，既要看花梢率的高低，也要看小穗数的多少和产量的高低。小穗数少，产量低的品种，即使花梢率再低，也是没有意义的。如果一时找不到产量高、花梢率低的品种，可选用产量较高，花梢率也高的品种，然后通过各种综合措施，降低花梢率。与此同时，应加强科学试验，加快培育产量高，花梢率低的优良品种。

（三）掌握浇水

前面讲到，莜麦本是一种既喜湿又抗旱，既喜肥又耐瘠的作物。在实践中，有些人不注意莜麦的这一特性，往往将它的抗旱性误认为需水少，将它的耐瘠性误认为需肥少，因而导致了对莜麦的低待遇，导致了在种植分布上平川少于山区的情况，导致了莜麦的低产状况。为此，必须科学地、全面地认识莜麦的生物学特性，为莜麦生长创造一个适宜的水肥条件，使莜麦的高产潜力能够充分地发挥出来。

从莜麦的发育与水分的关系中我们知道，莜麦是一种喜湿性作物，它吸收、制造和运输养分，都是靠水来进行的，水分多少与莜麦生长发育关系极大。为此，在莜麦的一生中，必须根据其各个阶段对水分的需求，进行科学浇水。

根据莜麦的生理特性和生产实践，在对莜麦浇水时应认真掌握以下 3 个原则：

饱浇分蘖水。因莜麦的分蘖阶段在莜麦的一生中占有十分重要的位置。在这一阶段中莜麦植株的地上部分进入分蘖期，决定莜麦的群体结构；植株的地下部分进入次生根的生长期，决定莜麦的根系是否发达；植株内部进入穗分化期，决定莜麦穗子的大小和穗粒数的多少。因此，在这一阶段，莜麦需要大量水分。为满足这一生理要求，必须饱浇。但不可大水漫灌，而要小水饱浇。

晚灌拔节水。饱浇分蘖水之后，莜麦进入拔节期，植株生长速度本来就很快，如果早浇拔节水，莜麦植株的第一节就会生长过快，致使细胞组织不紧凑，

韧度减弱，容易造成倒伏。为了避免这些问题发生，拔节水一定要晚浇，即在莜麦植株的第二节开始生长时再浇，并要浅浇轻浇。

早浇孕穗水。孕穗期也是莜麦大量需水的时期，但这个时期莜麦正处于“头重足轻”的状态，底部茎秆脆嫩，顶部正在孕穗，如果浇不好，往往造成严重倒伏，为了既满足莜麦这一时期对水分的需求，又防止造成倒伏，必须将孕穗水提前到顶心叶时期浇水，并要浅浇轻浇。

三、开花成熟期的田间管理

莜麦从开花到成熟40天左右。这个时期虽然穗数和穗的大小已经决定，但仍是提高结实率，争取穗粒重的关键时期。这一时期的管理目标是防止叶片早衰，提高光合功能，使其能正常进行同化作用，促进营养物质的转运积累，提高结实率，增加千粒重，保证正常成熟。具体措施是“一攻”（攻饱籽）和“三防”（防涝、防倒伏状、防贪青）。

第五节　适时收获

莜麦的生长发育过程到蜡熟中期基本结束，这时根系的呼吸作用完全停止、叶片包括旗叶在内已经全黄、籽粒干物质积累和蛋白质含量达到最大值，实际上已经成熟，但植株含水量仍比较高、籽粒含水量还在30%以上；进入蜡熟末期，植株全部转黄、籽粒含水率迅速降低到20%以下。但莜麦成熟很不一致，当穗下部子粒进入蜡熟中期即应开始进行收获，群众有“八成熟，十成收；十成熟，两成丢”的说法。

收获时期，时值雨季，收获过晚，常因风雨造成倒伏，不仅收割不便，还会导致籽粒发芽、秸秆霉烂，降低莜麦面粉和饲草的品质。因此，收获莜麦是一项突击性、抢时间的工作，应抓紧，不可有所延误，否则可能丰产而不得丰收。当然这里所说的抢时间，是指在适时收割的情况下抢，并不是说越早越好。如果收割过早，莜麦灌浆还不充分，籽粒不饱满，产量反而不高，品质也不好，但收获过晚、容易折穗、落粒严重、损失较大，所以收割莜麦必须强调“适时”“及时”。

收获莜麦应根据籽粒成熟度、品种特性、收获方法、劳力机具和天气条件等确定适宜时间集中抢收。以地多人力少的，收获可在蜡熟中期，收割后有一个自然脱水的过程再进行脱粒；地少劳力多的可从蜡熟后期开始；在天晴少雨时，采取割晒的方法，先将莜麦割倒，在田间晾晒一两天，然后打捆运回；如遇阴雨天气，要即割即运，注意翻晾，防止雨淋，否则会导致麦堆内温度过高、受热变质和霉坏的损失。种子田要在抽穗后期到成熟期间认真去杂去劣，抢晴收获，以最大限度地提高种子生命力和发芽率。莜麦收获既要争分夺秒抢时间，做到及时收割，又要讲究质量，保证颗粒归仓。为了保证精收细打，颗粒归仓，人工收割的，每平方米的掉穗数不应超过两个。

莜麦脱粒以后必须尽快晒干，扬净杂质筛除秕粒；无论是机械或畜力打场，都要做好细打和复打的工作，尽量减少丢失，做到精收细打，颗粒归仓。入库前的籽粒含水量应降到13%以下。作为种子必须单收、单运、单晒、单脱，严格防止机械混杂，充分晒干、扬净，入库种子含水量要求在12%左右，标明品种名称，妥善保管并采取严密的防蛀、防霉措施。

第六节 产量构成因素

莜麦产量是由单位面积上的成粒数和粒重两个因素构成的。，即产量 = 成粒数 × 粒重。根据莜麦种植上多年来的生产实践和试验研究证明，影响产量高低的主要因素是单位面积上的成粒数。莜麦产量的高低，与单位面积上成粒数的多少成正比，成粒数多的，产量就高；成粒数少的，产量就低。而千粒重的变化则不大，比较稳定，所以不是影响莜麦产量的主要因素。

既然莜麦的产量高低主要决定于成粒数的多少，而成粒数是由单位面积上的穗数和穗粒数构成的，即成粒数 = 穗数 × 穗粒数，这就是说，成粒数取决于单位面积上的穗数与每穗平均粒数之积。

决定成粒数多少（或产量高低）的主要因素，既不是穗数的多少，也不是穗粒数的多少，而是它们二者之间的协调关系—即合理的密度。有的人不注意这一点，或者只顾增加穗数，致使穗粒数减少的幅度超过了穗数增加的幅度；或者只顾增加穗粒数，致使穗数减少的幅度超过了穗粒数增加的幅度，都不能达到增加成粒数的目的。而只有穗数与穗粒数达到正好协调时，单位面积上的成粒数才会多，产量才会高。

合理的密度要根据莜麦品种的类型、土地的水肥条件和各地的气候特点来确定。试验结果表明，一般高水肥地，使用矮秆抗倒品种，产量指标为300kg以上者，亩播种量10kg左右，合理密度为45万~50万株。中水肥地，产量指标为

225kg 左右者，亩播种量 7.5 ~ 8.5kg，合理密度为 40 万株左右。高产旱地，使用分蘖力适中的大粒旱地优良品种，产量指标为 200kg 左右者，亩播量 7.5 ~ 8.5kg，合理密度为 35 万株；如使用分蘖力强的优良品种，亩播量 7.5kg 左右，合理密度为 20 万株左右。一般旱地，使用抗旱品种，产量指标为 125kg 左右者，亩播量 6.5 ~ 7.5kg，合理密度为 20 ~ 25 万株。旱薄地，采取穴播，一穴 8 ~ 12 株，亩播量 6kg 左右，合理密度为 18 万株左右。

从上述情况中，我们至少可以引出以下两项结果：一是合理的密度主要是根据莜麦品种的类型、土地的水肥条件和当地的气候特点来确定的。凡适合这些条件的就是合理的，产量就高；凡不适合这些条件的，就是不合理的，产量就低。那种不分析客观条件，主观臆造地去确定密度，必然事与愿违。二是合理的密度又是随着莜麦品种、水肥条件和自然气候的变化而变化的。鉴于目前我们对自然气候只能利用它，适应它，因此，密度的变化又主要依据莜麦的品种和土地的水肥条件的变化而变化。就是说，在一定的气候条件下，要想通过适当地提高密度来增加产量，那就必须培养和选用新的优良品种，必须改善土地的水肥条件，增加土壤的肥力。

在一定密度情况下，或者说当合理的密度基本确定之后，产量的高低又取决于什么因素呢？很明显，取决于穗粒数的多少。因为在：成粒数 = 穗数 × 穗粒数公式中，穗数即密度，成了常数，在此情况下，每穗的粒数越多，单位面积上的成粒数就越多，产量就越高。

为什么在相同密度下，平均穗粒数相差较大呢？主要原因在于田间管理。田间管理好，施肥和追肥适量、适时的，在同等穗数的基础上穗粒数就可以大大增加；反之，田间管理不好，浇水和追肥不适量、不适时的，穗粒数就大为减少，产量也随之降低。

既然如此，那么在已经选择了合理密度的情况下，要提高产量，就必须把功夫下在田间管理上，通过一系列科学和精细的田间管理措施，在维持和保证合理的群体结构（即穗数）的同时，努力促进个体形状的发育，增加铃数，减少花梢，以达到粒多、粒大的目的，这样，群体结构和个体结构都处于最佳状况，产量就会随之而大幅度增长。

综上所述，莜麦产量的高低取决于成粒数的多少；成粒数的多少，又是建立在合理的群体结构和个体结构协调一致的基础之上。成粒数是高产的主要条件，而粒重又是高产的保证，否则，尽管成粒数多，但后期如发生病害、灌浆期的干旱、早霜、贪青晚熟及倒伏等情况时，籽粒成熟不好，粒重降低，同样不能达到高产。因此，夺取莜麦的高产，既要抓住总体的主要矛盾，又要注意各生育阶段的具体矛盾，防止某一阶段的矛盾激化，导致整个全过程的矛盾转化。这样，在莜麦的整个栽培过程中，就必须运用各种措施，在保证粒重的同时，主攻单位面积上的成粒数，努力夺取莜麦的高产。

第七节 莜麦病虫害防治

一、主要病害

莜麦病害主要有坚黑穗病、红叶病和锈病

(一) 坚黑穗病（又名黑霉、黑旦）

病状及传播。坚黑穗病带病植株从苗期到抽穗初期，症状不明显，外形与健株相似。到灌浆后期病穗的结实部分，变成黑褐色粉末状的孢子堆，病穗比较松散，病菌孢子称为厚垣孢子。孢子堆常黏成坚硬的小块，其外裹有灰白色的薄膜，不易破裂，故称为坚黑穗病。散黑穗病的病穗结实部位，也全部变成黑褐色粉末状的孢子堆，但病穗的显著特点是受病小穗紧贴穗轴，其外也包裹灰白色薄膜。

发病规律。莜麦坚黑穗瘸病原菌是一种担子菌。发病的最适温度是20～25℃。病害发生时病菌孢子侵染种子，种子萌发后侵入幼苗，蔓延到全株，最后侵入到穗部，成为来年发病的根源。一般在土壤湿度大而温度低时发病重。

防治方法。多年的生产实践和科学研究表明，只要选用优良的拌种药剂和抗病品种，合理轮作倒茬，严格按照操作规程拌种，黑穗病是可以消灭的。

张家口市坝上农业研究所与中国农业科学院作物科学研究所大量协作研究，通过人工接种表明，不同品种对燕麦黑穗病感染程度存在明显差异。凡前期生长发育快，单株分蘖力低的品种田间抗病能力强，反之，生育期长，分蘖力强的农家品种、抗病力弱，相关系数在 r＝0. 80～0. 965。因此，异地换种，选用抗病力强的品种是防治黑穗病的有效措施之一。

除选用抗病品种外，建立无病品种基地及实行“豌豆—小麦—马铃薯—莜麦—亚麻—豌豆”5 年轮作倒茬外，重点应做好播前种子处理。处理方法：50% 克菌丹按种子量的0. 3%～0. 5%，播前 5～7 天拌种堆放在一起可提高拌种效果；50% 福美双按种子量的 0. 3% 拌种；拌种双按种子量的 0. 2% 拌种，药效可达95%～100%；若用多菌灵、甲基托布津等可湿性农药湿拌闷种防效更好。湿拌药剂闷种的方法是：按常规用量将药剂溶于水中，用水量是种子量的3%～5%，若气温低于0℃，将水加温至10℃，种子以100kg为一堆，平摊在水泥地面上，用小喷雾器边喷药液边用木锨翻拌，连续翻3遍以上，然后集堆盖好，闷种5～7天即可播种；25%萎锈灵按种子量的0.3%拌种。

农艺措施：可选用无病种子；抽穗后及时拔除田间病株；播前晒种保持种子干燥清洁；播前药剂拌种处理；合理轮作倒茬避免多年连作；适期播种等。

（二）燕麦红叶病

燕麦红叶病是一种由大麦黄矮病（BYDW）引起的病毒性病害，在我国最初发现于1951年，由于该病寄主范围广，除可侵害大麦、小麦、燕麦、高粱、玉米、谷子等外，还能侵害36种禾本科杂草，所以该病又称为禾谷类黄矮病。

危害症状。燕麦红叶病是由蚜虫、蓟蚂、条斑蝉等传毒媒介传播的一种病毒病；这种病不能由种子、汁液、土壤等途径传病。病毒侵染健康植株3～15天出现症状，初次侵染来源，都是由翅蚜从其他越冬寄主上吸入的病毒传播的，病毒病源在多年生禾本科杂草或秋播的谷类作物上越冬。因此红叶病的发生危害与传播蚜虫发生的时间、数量有关，5月上、中旬气温高，相对湿度小，气候干旱，蚜虫数量大；同时，大麦、小麦黄矮病发生与危害数量也多；5月上、中旬低温、多雨、虫源少，大麦、小麦的黄矮病均少。幼苗得病后，病叶开始发生在中部自叶尖变成紫红色，叶的背面较正面为深，尔后沿叶脉向下部发展，逐渐扩展成红绿相间的条斑或斑驳，病叶变厚变硬，后期呈桔红色，叶鞘紫红色，病株有不同程度矮化、早熟、枯萎现象，由于病毒导致韧皮部畸形，干扰糖类的正常输送而溢出外面，使腐生性真菌得到良好的繁殖条件，故后期常呈黑色的外观。莜麦受红叶病侵染后，植株光合性能减弱或早衰，穗粒数、穗粒重明显下降。河北省察北牧场试验站调查调查结果，受红叶病侵染减产的主要原因是穗粒数减少42.1%～51.2%，千粒重降低9.4%～21.2%，株高降低11%。

红叶病发病最适温度为15～20℃，温度过高时症状不明显，一般气候干燥、稀植有利于蚜虫传播，发病也较重，潮湿、密植、背阴地则发病轻。

发病规律。引起莜麦红叶病的大麦黄矮病毒，不能由种子、汁液和土壤等途径传播病，只能由蚜虫传播，有14种蚜虫传播这个病毒，最主要的是麦二叉蚜和麦长管蚜。蚜虫吃食病株后。可以传播20天左右，但产下的幼蚜和卵不带毒。发病的最适温度为15～20℃，温度过高时症状不明显。一般气候干燥、稀植有利于蚜虫传播，发病也较严重，潮湿、密植、背阴地则发病轻。

防治方法。在常年蚜虫开始出现之前，在田边地头向阳窝风处及时发现、检查，一旦发现中心病株（田间最初发病的植株），及时喷药灭蚜控制传毒。其方法是：80%敌敌畏乳油3 000倍液；或用20%速灭杀丁乳油3 300～5 000倍液喷雾；用50%避蚜雾可湿性粉剂150g/hm^{2}对水750～900kg/hm^{2}喷雾防治；用40%乐果乳油2 000～3 000倍液；用40.7%乐斯本乳油750～1 050ml/hm^{2}对水喷雾；50%辛硫磷乳油200倍液喷雾防治，效果达87.7%；在播种前用内吸剂浸种或用内吸剂制成颗粒拌种；消灭田间地埂周围杂草，控制寄主和病毒来源；改善栽培管理，增施氮肥、磷肥及合理配比，促进早封垄，增加田间湿度，减少黄叶，保持绿叶数量，控制蚜虫数量是减轻红叶病的有效办法；选用抗病良种。

（三）锈病（又名黄疸病）

危害症状。莜麦的锈病有杆锈病和冠锈病，但其发病条件相似。莜麦杆锈病发病始见于中部叶片的背面，初为圆形暗红色小点，逐渐扩大，可穿透叶肉，使叶片的正反面均有夏孢子堆。其后向叶鞘、茎秆、穗部甚至护颖、小花颖壳发展，病斑呈暗红色棱形，可连片密集呈不规则斑。由于病斑处大量散失水分、消耗叶肉内养分，致使受病组织早衰。该病是由地块外杂草寄主上产生的锈孢子侵染而发病，在适宜条件下，病斑产生大量的夏孢子，借助雨水、昆虫、风等传染，特别在低洼、下湿地种植密度大，通风不良，氮肥施用过多，植株贪青徒长的情况下发生尤重，一般减产15%～18%。

发病规律。病菌能产生夏孢子和冬孢子。病害是由地块外杂革寄主上产生的锈孢子传染发病。在条件适合时，由病斑产生大量的夏孢子，借雨水、昆虫、风力等传染，引起再侵染。一般在低洼湿地，或密度大、通风不良、施肥过多、植株徒长等情况下发病较重。

防治方法。选用抗锈病高产良种；实行“豌豆—小麦—马铃薯—裸燕麦—亚麻—豌豆”轮作方式，避免连作；加强栽培管理，多中耕，增强植株抗病能力，合理施肥，防止贪青徒长晚熟，多施磷钾肥促进早熟；消灭病株残体，清除田间杂草寄主；用25%三唑醇可湿性粉剂120g拌种处理种子100kg；用12.5%速保利可湿性粉剂180～480g/hm^{2}在感病前或发病初期对水1 125 L喷雾；发病后及时喷药防治，用25%三唑酮可湿性粉剂52.5g/hm^2，在发病初期对水750 L喷雾；用12.5%粉唑醇乳油500～750ml/hm^{2}在锈病盛发期对水喷雾；用20%萎锈灵乳油2 000倍液喷雾。

（四）白粉病

为害症状。该病可侵害莜麦植株地上部各器官，但主要发生在叶及叶鞘上，叶的正面较多，叶背、茎及花器也可发生，病部初期出现灰白色粉状霉层，后呈污褐色并生黑色小点，即闭囊壳。

病原。燕麦白粉病菌 *Erysiphe graminis favenae*。此菌有寄生专化性，有复杂的生理小种，与莜麦专化型。属子囊菌亚门真菌。菌丝体表寄生，蔓延于寄主表面在寄主表皮细胞内形成吸器吸收寄主营养。病部产生的小黑点，即病原菌的闭囊壳，黑色球形，内含子囊 9～30 个。子囊长圆形或卵形。

发病规律。病菌靠分生孢子或子囊孢子借气流传播到感病莜麦叶片上，遇有温湿度条件适宜，病菌萌发长出芽管，芽管前端膨大形成附着胞和侵入线，穿透叶片角质层，侵入表皮细胞，形成初生吸器，并向寄主体外长出菌丝，后在菌丝丛中产生分生孢子梗和分生孢子，成熟后脱落，随气流传播蔓延，进行多次再侵染。病菌在发育后期进行有性繁殖，在菌丛上形成闭囊壳。该病发生适温 15～20℃，低于 10℃ 发病缓慢。相对湿度大于 70% 有可能造成病害流行。少雨地区当年雨多则病重，多雨地区如果雨日、雨量过多，病害反而减缓，因连续降雨冲刷掉表面分生孢子。施氮过多，造成植株贪青、发病重。管理不当、水肥不足、土地干旱、植株生长衰弱、抗病力低、也易发生该病。此外密度大发病重。

防治方法。药剂防治：①用种子重量 0.03%（有效成分）25% 三唑酮（粉锈宁）可湿性粉剂拌种，也可用 15% 三酮可湿性粉剂 20～25g 拌一亩用麦种，防治白粉病，兼治黑穗病、条锈病等。②在燕麦抗病品种少的地区，当白粉病病叶率达 10% 以上时，开始喷洒 20% 三唑酮乳油 1 000倍液或 40% 福星乳油 8 000倍液；提倡施用酵素菌沤制的堆肥或腐熟有机肥，采用配方施肥技术，适当增施磷钾肥，根据品种特性和地力合理密植；种植抗病品种。

（五）叶枯病

危害症状。又称条纹叶枯病。分布在我国各莜麦产区。主要为害叶片和叶鞘。发病初期病斑呈水浸状，灰绿色，病斑大小（1～2）mm×（0.5～1.2）mm，后渐变为浅褐色至红褐色，边缘紫色。病斑四周有一圈较宽的黄色晕圈，后期病斑继续扩展达（7～25）mm×（2～4）mm，系不规则形条斑。严重时病斑融合成片，从叶尖向下干枯。该病常与锈病混合发生，对产量影响较大。

病原 *Drechslera avenae*（Eidam）Shoemaker，又 *Helminthosporium avenae*（Eidam）称燕麦德氏霉，属半知菌亚门真菌。有性态为 *Pyrenophora avenae* Eidam Ito et Kuib. 称燕麦核腔菌，属子囊菌亚门真菌。分生孢子梗 1～4 根，单生或丛生，具 3～8 个隔膜，大小（65～210）μm×（65～12）μm；分生孢子圆柱状，两端圆，浅黄褐色，具 3～9 个横隔膜，脐明显内凹，大小（65～130）μm×（15～20）μm。子囊座烧瓶状，埋生在表皮下，外壁常附生分生孢子梗。子囊棍棒状，大小（250～400）μm×（35～45）μm，内含2～8个子囊孢子。子囊孢子卵圆形，具3～6个横隔膜，1～4个纵隔膜，浅黄褐色，大小（45～70）μm×（15～25）μm。

发病规律。病菌以孢子囊、分生孢子或菌丝在病残体上或病种子上越冬。翌年春天产生分生孢子从幼嫩组织侵入，发病后又产生分生孢子进行多次重复侵染。土温低、湿度高，苗期易发病，生长期天气潮湿发病重。

防治方法。发病重的地区或田块，于发病初期开始喷洒36%甲基硫菌灵悬浮剂500～600倍液或50%多菌灵可湿性粉剂800倍液、或50%苯菌灵可湿性粉剂1 500倍液，防治1次或2次。

（六）包囊线虫病

危害症状。该病为害重，寄生广泛，已引起世界各燕麦区的重视。各生育期均可表现症状，苗期较明显。病苗于播后45天表现生长缓慢、黄矮或分蘖减少。叶片由紫红色渐变为黄色，似缺氮症状，严重的植株矮化。后期有一半叶片变窄、变薄、变黄，穗小、秕粒增多。遇有不适宜的气候，引致干枯死亡。

病原。*Heterodera avenae* Woll. 称燕麦包囊线虫，属植物寄生性线虫。雌虫胞囊柠檬型，深褐色，阴门锥为两侧双膜孔型，无下桥，下方有许多排列不规则泡状突，长0.55～0.75mm，宽0.3～0.6mm，口针长26μm，头部环纹，有6个圆形唇片。雄虫4龄后为线型，两端稍钝，长1.64mm，口针基部圆形，长26～29μm；幼虫细小、针状，头钝尾尖，口针长24μm，唇盘变长与亚背唇和亚腹唇融合为一两端圆阔的柱状结构，卵肾形。

发病规律。该线虫在我国年均只发生一代。9℃以上，有利于线虫孵化和侵入寄主。以2龄幼虫侵入幼嫩根尖，头部插入后在维管束附近定居取食，刺激周围细胞成为巨形细胞。2龄幼虫取食后发育，变为豆荚型，蜕皮形成长颈瓶形3龄幼虫，4龄为葫芦形，然后成为柠檬形成虫。被侵染处根皮鼓起，露出雌成虫，内含大量卵而成为白色包囊。雄成虫由定居型变为活动型，活动出根与雌虫交配后死亡。雌虫体内充满卵及胚胎卵变为褐色包囊，然后死亡。卵在土中可保持1年或数年的活性。包囊失去生命后脱落入土中越冬，可借水流、风，农机具等传播。春麦被侵入两个月可出现胞囊。秋麦则秋季侵入，以各发育虫态在根内越冬，翌年春季气温回升为害，于4～5月显露包囊。也可孵化再次侵入寄主，造成苗期严重感染一般春麦较秋麦重，春麦早播较晚播重。冬麦晚播发病轻。连作麦田发病重；缺肥、干旱地较重；沙壤土较黏土重。苗期侵染对产量影响较大。

防治方法。加强检疫，防止此病扩散蔓延；选用抗（耐）病品种；轮作与麦类及其他禾谷类作物隔年或3年轮作；加强农业措施，适当晚播，要平衡施肥，提高植株抵抗力。施用土壤添加剂，控制根际微生态环境，使其不利于线虫生长和寄生；药剂防治，每亩施用3%万强颗粒剂200g，也可用24%万强水剂600倍液在小麦返青时喷雾；其他方法参见小麦粒线虫病。

二、主要地下害虫

（一）金针虫

危害症状。金针虫又叫铁丝虫、黄蛐蜒 除危害莜麦，还危害其他麦类作物，金针虫种类有沟金针虫、细胸金针虫、褐纹金针虫3种，生荒地或草滩地附近农田多发生细胸金针虫，开垦年久的农田多为沟金针虫，二者均普遍发生于燕麦产区，且危害较重，尤以沟金针虫危害最大。以幼虫咬食已播种的莜麦种子或苗根部，造成裸燕麦不发芽或幼苗枯死，致使幼苗缺苗断垄，导致减产。土壤温度平均在10.8～16.6℃时活动危害最盛，也是防治的关键时机，土壤温度上升到20℃时，则向下移动，不再危害，冬季潜居于深层土壤之中越冬。

防治方法。施毒土。用20%甲基异柳磷乳油0.2kg对沙土25kg播前施入土壤；毒谷与种子混播，用干谷子或糜子5kg，90%敌百虫30倍液150g，先将谷子煮至半熟捞出晾至7成干，然后拌药即可施用，用量15kg/hm^2；施毒饵，用75kg麦麸炒香后加水35～40kg拌90%敌百虫0.5kg，在黄昏时撒在田间麦行，用量23～30kg/hm^2。

（二）蛴螬

危害症状。蛴螬以其成虫有金属光泽，体圆形，故称金龟甲。以其幼虫体白胖、多皱纹、体弯曲，故俗称之为核桃虫。在裸燕麦产区，危害农作物的蛴螬共有十余种之多，但以朝鲜黑龟甲危害最烈。蛴螬食性极杂，常咬断植株幼苗根部，使之枯黄而死。

防治方法。用2%二嗪农颗粒剂18.75kg/hm^{2}穴施；用50%辛硫磷乳油190ml拌种50kg，或用50%1605乳油500ml对水25～50kg拌种250～500kg，拌种时先将种子摊开，将药液对水后，用喷雾器边喷边拌，集堆闷2～3小时以后即可播种；用3%甲基硫环磷颗粒剂75～225kg/hm^{2}与种子一起沟施；用5%大风雷颗粒剂23～37kg/hm^2，混拌细砂土15～30kg/hm^{2}后，随播种施入；用50%嘧啶氧磷乳油500ml对水50kg，喷拌种子500kg。

（三）蝼蛄

危害症状。蝼蛄俗称拉蛄、土狗，有两种，即华北蝼蛄和非洲蝼蛄。在4、

5月气候温暖时开始活动，越冬后的蝼蛄非常饥饿，故危害加重。蝼蛄喜温湿，昼伏夜出，喜栖息于疏松湿润土壤或水位较高的盐碱地，雨后活动甚烈。除在土壤中咬食种子、幼苗外，在它窜土活动时拉断作物根系，使幼苗干枯而死。

防治方法：用30%甲拌磷粉剂0.3kg，拌种子100kg。用50%对硫磷乳油100~200倍液，拌、闷、浸种。

（四）土蝗

土蝗是蝗虫中的一种类型，一年发生一代，从夏到秋都危害庄稼，尤其秋天危害最重。

生活习性及发生规律。土蝗的卵成块产在1~2cm土中，卵化后叫蝗蝻。三龄以后往往群集危害，致使成灾。尤其是靠近草地的莜麦，危害更为严重。

防治方法。应用敌百虫或敌敌畏稀释2 000~3 000倍喷洒，效果良好。

三、主要地上害虫

（一）蚜虫

危害症状。蚜虫又名油汉，有麦长管蚜和麦二叉蚜两种。这两种麦蚜在莜麦整个生育期内都能发生危害，以孕穗和抽穗期危害最盛。被害叶初呈黄色斑点，逐步扩大为条纹状，严重时全叶皱缩枯黄，以致全株枯死，麦穗受害，造成空穗和秕穗。

发生规律。麦长官蚜喜光耐湿，多分布在植株上部和叶片正面，吸食穗部。麦二叉蚜喜干怕光，多分布在植株下部和叶片背面，喜幼嫩组织和发黄叶片。莜麦灌浆后迁离麦田。这两种麦蚜在莜麦整个生育期内都能发生危害，在孕穗和抽穗期危害严重。

防治方法：有条件的地方进行麦田冬灌，可消灭部分越冬麦蚜；早期麦苗发生蚜虫时，用稀释到2 000~13 000倍的乐果液体；也可用80%的敌敌畏乳剂1kg，加水3 000kg，进行喷雾。

（二）黏虫

危害症状。黏虫又名粟夜盗虫、五花虫、行军虫或剃枝虫。是我国禾谷类作物的毁灭性害虫之一，对华北、西北燕麦的危害极大，发生频率高，成虫有很强的迁飞能力。通常在7月，第一代黏虫的幼虫大量咬食叶片，到5~6龄暴食期为害严重，有时咬断嫩枝、幼穗，使整个燕麦植株成为光秆，故为毁灭性害虫。

发生规律。黏虫成虫有很强的迁飞能力，昼伏夜出，阴天时白天也来取食危害。食量随龄期增大而逐渐增多，到5~6龄为暴食期，可将植物吃成光秆，故为毁灭性虫害。

防治方法。用糖蜜诱杀液灭蛾灭卵，做好预测预报，掌握虫情动态；最大限度地消灭成虫；把幼虫消灭在3龄以前；大发生时，要防止其转移蔓延。其药剂防治：用2%甲胺磷粉剂15～22.5kg/hm² 喷粉；用0.04%二氯苯醚菊酯粉剂22.5kg/hm² 喷粉；用5%来福灵乳油150～300ml/hm² 对水喷雾；用20%速灭杀丁乳油3 300～5 000倍液喷雾；将80%敌敌畏乳油1.5kg喷到25kg细土中，充分搅拌均匀后，再加入125kg细土继续搅拌，直到药土混合均匀，达到用手一扬即可散开为止，施毒土。用量为150kg/hm²；人工扑打，挖沟封锁。如果幼虫龄期增加，上述药液量及其浓度应相应增高。

第八节 适宜品种

一、宁莜1号

是由宁夏固原市农业科学研究所1992年从内蒙古农业科学院引进，并通过系统选育而成的莜麦新品种。该品种经过多年的试验和示范种植，表现出早熟、优质、高产、稳产、抗旱性强、适应性广等特点，1998年通过宁夏回族自治区农作物品种鉴定委员会鉴定并命名。该品种具有穗多、结实小穗多、单株颗数多、粒重较高、丰产稳定性好、品质佳等优良特性，主要性状表现：幼苗直立、深绿色，叶片上举、株型紧凑直立、粒色白色、株高75cm，穗长14.8cm，小穗数9.4个，小穗粒数4.1粒，每穗36粒、千粒重20.5g、籽粒含水率8.83%，粗蛋白15.88%，粗脂肪5.94%，粗淀粉46.55%，中早熟、生育期96d、分蘖力中、成穗率高、田间生长整齐、长势强、中抗锈病、抗倒伏、抗旱、抗寒性强。

产量表现：1994年区域试验折合产量为2 797.5 kg/hm²，比对照增产34.5%；1995年区域试验平均折合产量448.5kg/hm²，比对照增产148.1%，1996年区域试验平均折合产量2 025kg/hm²，比对照增产22.6%，1997年区域试验平均折合产量1 212 kg/hm²，比对照增产47.9%，一般正常年份产量在2 250kg/hm²左右。

该品种对气候的变化适应性强，是一个丰产、稳产的优良新品种。在1995年特大干旱年份试验中，其他莜麦品种几乎绝产的情况下表现出极强的抗旱性，在山坡地仍有448.5kg/hm² 的产量。该品种适应在降水量350～550mm，海拔1 248～2 825m的半干旱阴湿区梯田、旱川地、坡地种植，特别适宜宁夏南部山区的彭阳、西吉、原州区等半干旱及阴湿区种植。

二、燕科一号

是内蒙古农业科学院以 8115 - 1 - 2/鉴 17 选育而成，固原市农业研究所 1997 年引入本区。该品种幼苗直立，苗色深绿，叶片上举，生长势强，株型紧凑，分蘖力强，成穗率高，群体结构好，株高 71.4 ~ 132.1cm，穗型侧散形，穗长 20.2cm，穗铃数 30.8 个，主穗 76.8 粒，穗粒重 1.4g，千粒重 19.3g，粒卵圆形，浅黄色。经农业部谷物及制品质量监督检验测试中心（哈尔滨）检测：籽粒含粗蛋白（干基）21.13%，粗脂肪（干基）6.65%，粗淀粉（干基）54.35%，粗纤维（干基）2.55%，灰粉（干基）2.22%，水分 10.1%。氨基酸（干基）21.18%（其中：赖氨酸 0.94%）。生育期 97 ~ 104 天，中晚熟品种。根系发达，抗寒、抗旱性强，耐瘠薄，茎秆粗壮坚硬，抗倒伏，成熟落黄好，中抗锈病，生长势强，生长整齐，口紧不落粒，适应性广。产量水平：2006 年生产试验平均亩产 118.1kg（3 增 1 减），比对照宁莜 1 号增产 7.6%；2007 年生产试验平均亩产 158.8kg（3 点均增产），平均增产 31.57%；两年平均亩产 138.45kg，平均增产 19.59%。适宜宁南山区干旱、半干旱莜麦主产区旱地种植。

第五章 豌豆栽培技术

豌豆，又名麦豆、寒豆，软荚豌豆又被称为荷兰豆，属豆科豌豆属栽培种，一年生或越年生草本植物，是世界食用豆类作物之一，起源于亚洲西部和地中海沿岸，公元前6 000多年在近东和希腊已有栽培，到中世纪在欧洲普遍栽培。

我国从西汉时期就开始种植豌豆，宁夏从西夏（公元1038—1227年）以来一直有栽培的记录，西夏《潘汉合时掌中珠》、明代嘉靖（公元1540年）《宁夏新志》到万历四十四年（公元1616年）《固原州志》中均有记载。

豌豆是宁夏、特别是宁南山区特色优势作物，喜冷凉，适应春暖迟、夏热短、秋凉早、土壤肥力差的自然条件和农业生产水平。耐瘠薄，可改善土壤团粒结构，熟化土壤，恢复地力，是其他作物的优良前作。粮、菜兼用，又是多种副食品加工的主要原料和优质饲料；茎秆是优质饲草，鲜嫩的豆茎、豆荚和青豆含有大量糖分、有益矿物质和多种维生素，质嫩清香，是优质蔬菜，豆秧菜已摆上宁夏人的餐桌，不仅解决了蔬菜供应，而且增进了营养，对人体健康起到了良好的作用。

第一节 豌豆的地位

一、营养成分评价

豌豆不论是籽粒，还是青嫩荚、青豆、茎梢都含有丰富营养。宁夏由于产区昼夜温差大，养分含量与外地略有差异，其中：水分7.6%～13.44%，粗蛋白20.9%～29.68%，粗脂肪0.76%～1.01%，淀粉45.85%～48.2%，粗纤维5.28%～6.4%，灰粉2.65%～2.87%；而且粗蛋白含量白豌豆高于麻豌豆，粗脂肪麻豌豆略高于白豌豆（表5－1，表5－2）。

表 5-1 豌豆养分含量（g/100g）

营养成分	干子粒	青子粒	青嫩豆荚
水分	8.0~14.4	55.0~78.3	83.3
蛋白质	20.0~24.0	4.4~11.6	3.4
脂肪	1.6~2.7	0.1~0.7	0.2
碳水化合物	55.5~60.6	12.0~29.8	12.0
粗纤维	4.5~8.4	1.3~3.5	1.2
灰粉	2.0~3.2	0.8~1.3	1.1
热量（J）	1 345.96~1 450.46	334.4~672.98	53.0

表 5-2 豌豆维生素和矿物质含量（mg/100g）

营养成分	干子粒	青子粒	青嫩豆荚
维生素 B_1	0.68~1.27	0.11~0.54	0.31
维生素 B_2	0.19~0.36	0.04~0.31	0.15
尼克酸	2.0~4.0	0.17~3.10	2.50
叶酸	7.5		
胆碱	235.0		
维生素	4.0~9.0	9.0~38.0	25.0
胡萝卜素	3.2~37.4	0.15~0.33	0.30
维生素 pp	0.04~0.55		
钙	68~118	13.0~63.0	20.0
磷	3.7~471	71~127.0	80.0
铁	4.4~8.3	0.8~1.9	1.50

二、综合利用

（一）轮作倒茬，恢复地力

在一个生长季节内，豌豆根瘤一般可固氮 15~45kg/hm²，相当于施硫酸铵 300~900kg/hm²，使豆茬地速效氮含量比马铃薯、小麦、玉米高 150kg/hm² 左右，不但消耗十壤养分少，还能把土壤中难溶性磷富集为有效态，使后茬土壤速效磷含量比马铃薯、小麦、玉米平均高 28% 左右。由于豌豆具有消耗土壤养分少和恢复地力的能力，并给后茬作物创造一个良好的土壤条件，因此，群众经过长期探索，形成了以豆类为核心轮作、倒茬的各种模式。在旱作农业耕作制度茬口调配中，不论过去、现在还是将来，豌豆都有不可替代的作用。

干旱和半干旱区：豌豆（扁豆）→小麦→糜子（地膜玉米）→胡麻→马铃薯→小麦→豌豆。

阴湿区：豌豆（蚕豆）→小麦→马铃薯→胡麻→荞麦→豆类。

河谷川道区：豌豆→小麦（连作）→玉米（马铃薯、胡麻）→小麦→豌豆。

（二）抗灾、救灾，保证粮食生产安全

豌豆正常播种在清明节前后，但试验证明可以延迟到5月中、下旬，生育期短的品种（如中豌4号等）可延迟到6月中旬，比正常年份晚播45～60天，仍能在8月下旬成熟，对产量影响不大。播期的延迟，为抗灾、救灾提供了可能。遭遇春旱时，可调节播期，避开干旱威胁，确保出苗和生长安全；当某种作物受灾或延误播期时，可改播或补种豌豆，以减少灾害造成的损失，保证了粮食生产和群众生活的稳定。

（三）间作、套种，提高自然资源利用率

人口增长和耕地面积的减少是人类生存面临的十分重要的问题。为了充分发挥旱作农业优势，增加产量，近年来，宁夏自治区在马铃薯套种豌豆的基础上，又利用地膜玉米、向日葵、西瓜等作物，枸杞、桑树和其他未封行的低龄果树行间空地较大的特点，发展豌豆的间套种。早熟豌豆品种中豌4号的引育成功，还可以在气温较高的河谷川道区麦后复播。试验证明，只要在7月10号以前播种，可获得450～750kg/hm^2 的收成。立体复合种植和复播不仅解决了豌豆与其他作物争地的矛盾，大大提高了土地等自然资源的利用率，获得了一定的产量，而且在不影响下茬作物播种的前提下，实现了轮作、倒茬。同时，还可以有效防止作物种植单一化，使同季作物合理搭配，使夏秋作物比例趋于合理，提高抗御自然灾害和各种病虫害的能力，保证了粮食安全，增加了农民收入。

（四）豌豆是粮食和养殖业的饲料

豌豆作为粮食，曾经在主产区人们生活中占主导地位。随着大宗粮食作物产量的提高，豌豆的食用量有所下降，但仍占总产量的15%左右。单独食用豌豆明显减少，和其他粮食配合食用量大大增加。由于特殊的营养保健功能，城乡人民特别是城镇人口的食用量正在不断增长。豌豆又是世界公认的优质饲料，营养价值高，在养殖业中占有重要位，当地饲用量约占总产量的15%。

（五）豌豆是副食品加工的主要原料

豌豆的嫩稍、嫩荚、籽粒均可食用，色翠质嫩，清香可口。豌豆荚有菜用和粮用两种，以荚内无硬膜的软荚豌豆作菜为佳，味道鲜美，营养丰富，食用方法较多。既可爆炒，又可煮食，还可用开水滚烫数分钟，做汤或拌料单独作小菜。无论烹制荤素菜，都只需将青荚洗净，撕去两头和两边的老筋，无须将豆粒剥出，食用方便。青豌豆粒多作配料，可用于炒、煎、熘、蒸、烩等多种烹调。嫩豌豆粒还可以冰冻、腌渍、制罐头。这些都是淡季蔬菜市场上的时令佳品。干豆粒可以粮菜兼用，或煮食或熬汤，或煮烂作馅，油炸做成豌豆黄，或加工成酱。干豌豆磨成粉，白而细腻，可制糕饼、粉丝、凉粉等。豌豆还可用于酿酒和制酱油、醋。宁夏自治区以豌豆为原料的副食品加工主要有：豆秧、豆芽、粉面、粉丝、五香豆、豆瓣酱、各种炒食以及被广泛应用于豆奶的填充物和制醋。在银川、固原、吴忠、中宁、中卫等城市都有炒豌豆销售。其副食品加工约占总产量的20%，转化率居粮食作物之首。

（六）豌豆是宁南山区主要经济作物和传统出口创汇作物

据资料显示，我国豌豆出口量近年来不断下降，2005 年为 2 027万 t，每吨价 325.6 美元，创汇 87.9 万美元，在小杂粮出口中占的份额较小。宁夏自治区豌豆的面积虽有所下降，但生产、销售形势大好。

第一，豌豆的生产成本低。据《固原市小杂粮产业“十一五”规划》报告测算，豌豆生产各种费用投入 176 元/t，而小麦需各种费用 220 元/t，节省投入 44 元/t。

第二，豌豆市场价格高。当地豌豆收购价为 1.96 ~ 2.4 元/kg，分别比小麦高 0.5 ~ 0.8 元/kg，由于投入少，售价高，主产区农户已将豌豆作为经济作物看待，种植的目的是为了卖钱，年产量的65% ~70% 向市场出售，主产区农民人均纯收入的 30% 左右直接或间接来源于豌豆。

第三，豌豆销路好。据不完全统计，2005 年，仅银川绿苗公司在全区种植豌豆 1 000hm^2，回收豌豆 2 200t 全部外销。通过固原火车站发往外地的豌豆 2.9 万 t，比上年增长 1.04 倍，外销占年产量的 40% 左右，创汇率居粮食作物之首。

第二节　豌豆形态特征

一、根

豌豆为直根系，有发达的直根和细长的侧根，直根向土壤深层发展，入土可达 1m 以上，侧根一般分布在土壤 20cm 左右；根系幼苗期发育较快，在苗高 8cm 左右根系就会产生根瘤。

根瘤实际是由根瘤菌引起的肿瘤，附着在土壤 20cm 以内的根系上，形状不规则，单个时多为肾状，多个根瘤聚集在一块时呈花瓣状。其与根共生有固氮能力，当豌豆收获后，根瘤连同根系残留土壤中，可起到提高土壤肥力的作用。

二、茎

豌豆茎为绿色草质，细长、中空，幼嫩和干茎质脆易折断，表面光滑无绒毛，多被以白色腊粉。茎上有节，但不像小麦那样明显，节上生有叶柄，也是花和分枝的着生处。一般早熟矮秆品种节数较少，晚熟高杆品种节数较多，基部节间较短，结荚比较集中的无叶型品种，上部节间较短。各节都能发生侧枝，分枝矮生型较少，高大型较多，一般基部 3 ~4 个分枝，成株结荚率较高。

豌豆株高因品种不同差异很大，一般 15 ~60cm 分为矮生型，60 ~90cm 为中间型，90cm 以上为高大型；矮生型多为中、早熟品种，高大型多为中、晚熟品种。株高受气候等生长环境影响很大，逆境中将大幅度降低。根据茎的生长习性不同，豌豆株型又可分为直立，半直立和匍匐 3 种。茎秆有效养分含量比禾谷类作物高 2. 5 ~3 倍，是优质饲草。

三、叶

豌豆为偶数羽状复叶，复叶由叶柄和 1 ~3 对小叶组成，复叶叶面积第一花最大，向基部和其上部逐渐减小；小叶有对生、互生或亚互生（有人称侧生）几种，矩形或阔椭圆形，全缘或下部有锯齿状，淡绿色或浓绿色，少数兼有紫色斑纹，表面通常附着有蜡质；顶叶缺失或卷须状，称为卷须茎，卷须茎一至数条，有的品种只有基部有叶片，中、上部叶片退化，呈多条交叉状卷须茎，也有的品种顶端没有卷须，称无须豌豆；主茎基部第一、第二节生三裂小苞叶，叶柄基部有一对托叶，呈心脏形，紧围茎秆，有色花品种托叶基部常有紫色斑或半环状紫色斑。

四、花

豌豆的花自叶腋生出，总状花序，每个花序着生 1 ~3 朵，少数 4 ~6 朵，多数为两朵。花蝶型，萼裂呈叶质，斜形，小而绿色，基部愈合，上部浅裂呈钟状；花由花萼、花冠和花柄组成，通常花柄比叶柄短，但高大型、生育期长的品种花柄较长，矮秆、早熟品种花柄较短，有些卷须茎发达、结荚集中的品种花柄更短。花有白色、粉红色和紫色，一般白粒、绿粒开白花，其他粒色开有色花；花为二体雄蕊，即每朵花有雄蕊 10 枚，9 合 1 离；花药椭圆形、双药室；雌蕊 1 枚，位于雄蕊中间，子房上位，扁平、无腹柄，柱头弯曲有绒毛。

开花从下向上顺序进行，主茎在先，分枝在后，始花节位品种间差异很大，一般早熟品种3~5节，中、晚熟品种10节以上，始花后一般每节都有花；初开的花结荚率较高，后期顶端花常成秕粒或脱落。

全株开花共需15~20d，每天开花时间为9：00至16：00。17：00后开花逐渐减少，旗瓣收缩，第二天再行开放。开花前，花药已开裂，当花完全开放时已授粉，是自花授粉作物，但在干旱和炎热的气候条件下，偶然也能发生杂交。

五、荚果和种子

豌豆开花授粉以后，子房迅速膨大，10天左右形成荚果；荚果是由心皮发育而成的两扇荚皮组成，长椭圆形，但品种间有很大差异，有剑形、马刀形、弓形、棍棒形和念珠状，有软、硬荚之分。

软荚。荚内无硬膜，内果皮柔软可食，成熟后干缩而不开裂，不易落粒。

硬荚。荚内有硬膜，内果皮革质不能食用，成熟时因内果皮干燥收缩，易开裂，易落粒。未成熟荚的颜色有黄绿色、浅绿色、绿色和深绿色，有些还有紫色条纹或斑纹，成熟荚果通常为浅黄色。

荚位。即主茎第一荚距地面的高度，品种间差异较大，有的品种荚位高10~15cm，株高50cm时已结荚5~6层，而有的品种才开第一朵花，所以荚位的高低，实际上反映了豌豆生长、发育速度和开花、结荚的迟早。

豌豆每荚内一般有种子4~8粒。种子由种皮、子叶和胚构成，无胚乳，子叶储藏着发芽所需的营养物质。种子可分为圆、凹圆、扁圆、圆柱、皱缩和不规则等形状；表面光滑的圆粒种，种子成熟时水分和糖分较少，子叶淀粉粒较大，而且多为复粒，所以干燥后子粒饱满；表面邹缩的种子，成熟时含水分和糖分较多，子叶淀粉粒较小而为单粒，干燥过程中自动分散，使子粒皱缩。谷草比是反映作物收获量与其干物质产量的比值，豌豆的比值一般是0.4~0.6。

豌豆按种子粒型大小，可分为大、中、小3种，百粒重大于25g的为大粒型，小于25g而大于15g的为中粒型，小于15g的为小粒型。种子颜色有浅粉红色、橘黄色、白色、黑色、绿色、麻色和花麻色；种子发芽年限4年左右，有的可达8年。

第三节 生长发育及其对环境条件的要求

一、生长发育过程

和其他作物一样，豌豆的整个生长发育可分为营养生长和生殖生长两个过

程，从发芽到开花为营养生长阶段，开花到成熟为生殖生长阶段。在条件适宜的情况下，播种到出苗需10～12天，因气温偏低和土壤水分不足，将延长到20～25天；从出苗到开花，早熟品种30天左右，晚熟品种55～60天；从开花到成熟，早熟品种40～45天，晚熟品种60天左右。在宁夏自治区，生育期短的早熟品种70～80天，中熟品种80～100天，晚熟品种100～125天。

二、对环境条件的要求

（一）温度

因栽培条件和品种不同，豌豆自发芽到成熟约需10℃以上的积温1 700～2 800℃。种子发芽温度在1～2℃，出苗时间长，出苗率低，8℃以上发芽较快，出苗整齐。豌豆幼苗在－4℃不受伤害，－6℃时受害。生长最适温度20～25℃，在玉米、烟草、向日葵等喜温作物难以成熟的地方，可正常生长成熟；开花期气温高于28℃，将造成大量落花、落果，此温度如果延长5～7天，顶端花芽停止分化，全株迅速干枯，酷热逼迫早熟，种子含糖量降低，严重影响产量和品质。所以豌豆抗寒能力强，但抗旱能力不及扁豆。

（二）光照

豌豆是长日照作物，但对光照的反映一般没有温度敏感，晴朗、凉爽气候，开花坐果率高，多雨或干燥时发育不良。

（三）水分

豌豆对水分的要求较高，整个生育期都要求较湿润的空气和土壤条件。

种子蛋白质含量高，胀力大，吸水力强，发芽一般需吸收种子重量的98.5%水分。但水分过多，易造成种子腐烂，水分不足会大大延迟出苗。幼苗期能忍受一定程度的干旱，并有利根的生长。开花结荚期，对水分反应敏感，如果土壤水分低于10%，不能受精或子粒不发育，荚果停止生长；土壤含水量低于9.0%，空气湿度低于54%时，将引起落花、落荚；最适宜的空气湿度60%～80%，土壤含水量过高，空气湿度过大，容易烂根和引发白粉病。据资料介绍，豌豆每形成1kg干物质，约需水400kg。

（四）土壤和养分

豌豆耐瘠薄，适应性广，对土壤要求不严，但以质地疏松肥力较高的中性土壤为好，pH值6～8。豌豆忌连作，有试验证明，如果以第一年产量为100，连作二年则降为40，第三年降为8。

豌豆对磷素养分需求较大，对氮素吸收主要是在生育前期，据西北农业大学观察，从出苗到始花吸取氮素占全期总量的40%，而出苗至开花末期积累达

99%，本身固定的氮素往往不能满足需要，因此，生育前期要施入适量的速效氮肥，现蕾后对磷肥的需求较大，所以，可分次追施磷肥；开花以后如果追施氮肥过多，往往造成茎叶徒长，结荚反而减少，同时贪青晚熟，降低产量。

第四节 豌豆分布与优势产区

一、分布

豌豆在世界上分布很广，凡能种小麦和大麦的地方几乎都有豌豆种植。全世界有60多个国家有豌豆生产，其中：俄罗斯、中国、法国、丹麦是主产国。还有约50个国家同时生产青豌豆，美国、埃及、奥地利、比利时等国是产量水平较高的国家。

我国从南到北都有豌豆种植，主要分布在青海、甘肃、宁夏、陕西、山东、内蒙古、云南、四川、湖北、江苏和浙江等省区。

宁夏山、川均有种植，但主要分布在包括盐池、红寺堡、同心、海原在内的宁南山区8县1区，涉及吴中、中卫、固原3市。宁夏平原20世纪50年代以前各地均有栽培，60年代中期以后面积逐渐减少。2005年实地调查总面积3.47万hm^2，占全区粮食总面积的4.5%，面积前四位的县是：西吉1.05万hm^2，海原0.73万hm^2，同心0.57万hm^2，盐池0.37万hm^2。

二、优势产区

按照豌豆播种季节的不同，长江以北地区一般3~4月播种，7~8月收获，为春播区；长江以南一般9月底或10月初至11月播种，翌年4~5月收获，为秋播区。宁夏属北部黄土高塬春播区，种植在1 330~2 750m的海拔范围内。该区大陆性气候明显，阳光充沛，昼夜温差大，工业落后，环境无污染，为豌豆生长提供了优于其他地区的环境条件，除了是真正的绿色食品，土地资源丰富，劳动力充足外，按土地面积比较，包括豌豆在内的小杂粮面积比例，宁夏在全国属高省区之一。目前有4个公司和大量个体户参与豌豆种植、收购等贸易活动，并与农户实现“订单”式生产，形成了“科技+公司+农户”的良好结构，大大促进了这一传统出口作物的产业化发展。

宁夏自治区杂粮主产区耕地面积68.28万hm^2，人均0.34 hm^2，土地资源丰富。200多万人口中，劳动力有180万个，约占人口的76%，劳动力充足。1998年以前，原州区、西吉县、海原县、隆德县、彭阳县是宁夏主产区，而且一度被列入支柱产业加以重视，仅西吉一个县，年播种面积 1.53 万 hm^2 左右。随着退耕还林（草）和马铃薯、玉米、冷凉蔬菜等产业的发展，加上气候变暖等原因的影响，面积大幅度减少。其中：西吉县 2005 年为 1.05 万 hm^2，减少了近 0.45 万 hm^2。从生长发育特点，高产、稳产等角度考虑，六盘山、南华山两侧等阴湿和半阴湿区，保险系数较大，可发展成宁夏自治区豌豆生产的优势产区。

为了调整优化山区种植业结构，突出区域优势，提高干旱区土地生产能力，发挥宁南山区特色农业竞争潜力，适应国内外市场和当地生活需要，连同间作、套种和复播，豌豆面积可稳定在 4 万 hm^2 左右，还有约 0.53 万 hm^2 的增长空间。到“十五”期末，宁夏引进和选育了一批小杂粮优良新品种，连同栽培技术使用，试验、示范平均产量超过 2 250 kg/hm^2，比目前产量 1 205.4 kg/hm^2 增产 86.6%，豌豆产量具有较大的增长空间。

巨大的市场拉动，使农产品加工出现了基地、储运、保鲜、加工和销售一体化趋势，以市场为导向，“企业 + 基地 + 农户”的生产经营模式发展迅速。产地就近加工，打破了计划经济体制下企业向大、中城市，向国有企业密集的不合理布局，出现了由集体、私营、独资、合资、股份等多种经营成分并存的局面；属地加工既刺激了农业的发展，减轻了农民的负担，又节约了成本。加工由简单的原料销售转到深加工，包装形式也从“灰头土面”向“精装细裹”转变，品牌加包装使产品模样俊俏攀升，所以利用前景广阔。

三、种植与研究

（一）种植

豌豆是世界性食用豆类。20 世纪 90 年代，世界干豌豆收获面积 927 万 hm^2，平均产量 1 890 kg/hm^2；菜用型种植面积 88.68 万 hm^2，平均产量 5 416.5kg/hm^2。20 世纪 50 年代我国豌豆种植面积 230 万/hm^2，平均产量 600 ~ 750kg/hm^2，以后面积不断下降。到 20 世纪 90 年代只有 100 万 hm^2。其中：菜用面积 59 万 hm^2，占一半以上。近年来，面积、产量又有所上升，面积 120 万 hm^2 左右，单产 750 ~ 1 500kg/hm^2。

宁夏豌豆种植以收获干籽粒为主。1988 年种植面积 4.52 万 hm^2，其中：南部山区 4.51 万 hm^2；1995 年种植面积 3.89 万 hm^2，几乎全部种植在南部山区；2005 年种植面积 3.47 万 hm^2，比 1988 年减少 1.05 万 hm^2。随着生产条件的改善，化肥的投入，新品种、新技术的推广，单产上升很快。平均产量由 630kg/hm^2 增加到 1 206kg/hm^2，增产 91.7%。随着气候变暖，豌豆在保持原产区的基础上，向六盘山、南华山等阴湿区扩展，泾原的什字、白面镇，隆德的关庄、大庄等阴湿山区面积发展较快。

（二）研究

世界豌豆研究历史悠久，不仅对植物形态学和农艺性状深入研究，而且意大利、荷兰、英国和美国等国家对豌豆品质、抗病、抗逆、耐寒、遗传和细胞学等方面进行了评价、鉴定，并在品种资源收集、研究方面做了大量工作。

1978 年起，我国有计划、有组织地开展了豌豆种质资源研究，到 1990 年年底，初步鉴定编目了品种资源 2 616份，其中：国内 2 332份，国外引进 284 份。1979 年后，中国农业科学院等单位开展了豌豆抗旱性、耐盐性、抗病性、抗蚜虫和营养品质鉴定研究。从事豌豆品种选育的省区主要有青海、四川、甘肃和宁夏等。2006 年，豌豆列入国家现代农业产业技术体系，步入基本性状和良种选育研究的正常渠道。

宁夏从 1996 年起把豌豆列入自治区科技项目，开始了以新品种引进、选育为主的试验研究，到 2003 年，引、育成功并审定推广了宁豌 4 号和中豌 4 号。在总结传统种植方式的基础上，提出了配套栽培技术，初步解决了豌豆生产发展中品种和种植技术两大制约因素。在育种方法上，坚持引进与选育相结合，常规品种与特色品种选育相结合，现实性与前展性相结合的原则，开展了生长、开花习性观察，品种抗逆性和病虫害防治研究，为“十一五”期间开展以杂交为主的品种选育和种质资源研究奠定了基础，为产业化发展提供了技术支撑。

四、现有品种

地方品种有固原白豌豆和固原麻豌豆，引进品种有定豌 1 号（706－12－9）、中豌 4 号、手拉手，育成品种有宁豌 1 号、宁豌 2 号、宁豌 3 号、宁豌 4 号。

五、主要病虫害

（一）病害

根腐病是一种世界豌豆产区普遍发生、还未得到解决的土传性病害，目前对豌豆的危害最为严重。我国 20 世纪 50 年代初发现豌豆根腐病，1989 年以来在甘肃中部、宁夏南部旱地豌豆田间传播。据资料介绍，国外 20 世纪初就开始研究，国内研究起步较晚。研究表明，这种病害从幼苗期就开始侵染，至成熟期均可发生。先从胚轴开始，逐渐向根和根茎部扩展，至现蕾开花期，病株主根、侧根及根茎部均被侵害，导致整个根系变褐、变黑或腐烂，侧根和根瘤明显减少。地上部症状表现较晚，多数从下部叶片变黄，逐渐向上扩展，直到全株枯死，也有的突然萎焉和猝倒。轻者开花和结荚明显减少，重则开花后全田枯死，导致绝产。国内、外研究确认，豌豆根腐病是由多种病原菌共同侵染引起的，连作、重茬、感病品种和干旱可以使病菌生存、繁衍速度加快。世界范围内病原菌有 6 种，甘肃定西旱农中心鉴定，引发当地病害的病原菌不止 6 种，又多了 2 种。甘肃定西和宁夏农业科学院都分别进行过防治研究，但世界范围内公认的最好防治办法，暂时仍然是抗病品种的选用和 3 年以上的长周期轮作。

（二）虫害

豌豆虫害主要有黑绒金龟子、蚜虫、潜叶蝇、银纹夜蛾、豌豆象等。宁夏自治区这几种虫害都有发生，但以潜叶蝇和豌豆象危害较重。

潜叶蝇。成虫类似苍蝇，但体形很小，体长仅 2～3mm，以幼虫潜入叶片危害为主。当豌豆苗高 8cm 以后，约 5 月上旬，成虫产在植株下部叶片背面的卵形成幼虫，在表层内，采噬和破坏叶绿素，使其出现大、小不等的不规则隧道，并随植株生长不断向上部叶片扩展。轻者叶绿素被破坏，功能丧失，重者整片叶子枯死。这种虫害的特点是：下部叶片受害，上部叶片基本正常，隐蔽性强，不易察觉。其次，普遍危害，一旦发生，植株瘦弱，虽然开花后由于气温升高逐渐消失，但据观察，由于造成营养生长不良，可减产 15%～20%。用氧化乐果或潜除净、威敌等均可喷雾防治。

豌豆象。这是一种仓储性虫害，但有时在成熟、打碾过程中也可发生。症状是：籽粒被蛀成一个空洞，爬出豌豆象成虫，基本失去利用价值。在开花期用氧化乐果等杀虫剂喷雾，防成虫在花朵上产卵。储存期间保持子粒含水量低于 14%，低温度，避免光照保存。

六、主要问题

宁夏豌豆生产存在的主要问题是：种植条件差，以旱地为主，水地面积少；面积不稳定，灾年面积扩大，正常年份减小；栽培、管理粗放，投入不足，产量低；新品种、新技术推广速度慢，品种选育难度大，品牌品种和抗病品种（特别是抗根腐病品种）少；加工技术落后，不论是豆芽、粉面、粉丝，还是制醋，基本是家庭式小作坊，技术含量低，增值小，对豌豆生产拉动能力有限；龙头企业少，营销风险大，带动能力差。

第五节 豌豆栽培技术

一、单播（单种）

（一）轮作倒茬

豌豆对土壤要求不严，但忌连作。试验证明豌豆连作，病虫害加重，产量降低，对产量影响很大。为保持土壤生态系统平衡，调节肥力，有效抑制根腐病等病虫杂草危害，增加产量，在茬口选择上应实行3年以上的长周期轮作，除豆类外，其他作物均可作为其前茬。土地选择上以水地或地势平坦的川旱地、山台地为好。

（二）整地施肥

豌豆是双子叶作物，虽然子叶不出土，但发芽、出苗吸水较多，顶土能力差，所以，对土壤的要求以疏松、细绵和底墒充足为核心。一般在前作收获后，深耕、接纳雨水，收耱保墒的基础上，播前还应耙耱，为豌豆健壮生长创造一个良好的土壤条件。根据豌豆生长对肥力的要求，应特别注重农家肥和磷肥的投入，而且苗期对氮素肥料等速效养分需求较大。试验证明，开花以后如果追施氮素肥料，将造成茎叶徒长，结荚反而减少，降低产量，但用磷酸二氢钾3.75kg/hm^2对水喷雾，实行根外追肥，可提高开花坐果率，对增加产量效果明显。在施肥方式上以秋施肥和基肥为主，一般不追肥，不宜用化肥作种肥。在施农家肥22.5～30t/hm^2的基础上，加施二铵150～300kg/hm^2，或用普通过磷酸钙300～450kg/hm^2、尿素75～150kg/hm^2，可基本满足需要。

（三）播种

种子选择。为达到丰产的目的，种子选择上应以抗寒、耐旱性强，抗根腐病和适应性广的优良新品种为主。在宁夏回族自治区川水地以中豌4号、宁豌2号、宁豌4号为主，以定豌2号和固原白豌豆为搭配。半干旱区，以宁豌1号、宁豌3号为主，以定豌1号和固原白豌豆为搭配。阴湿、半阴湿区以中豌4号、宁豌4号和宁豌2号为主，以固原白豌豆为搭配。

种子处理。为保全苗和提高对病虫害的抵抗能力，应选择无破烂，无霉变，无病斑，成熟饱满，表皮光滑，大小基本一致的籽粒做种子。播前晒种2～3天，然后用50%的克菌丹粉剂，以种子量的0.3%拌种后再播种。

播种。豌豆种子发芽生长最适温度为18℃，在宁南山区正常情况下为3月下旬到4月上旬，即清明节前后。在干旱等灾害性天气出现时，可延迟到4月下旬到5月上旬。为救灾需要，中豌4号等品种还可延迟到6月中、下旬。播种方法以犁播为主，严禁撒播。畜力播种机拨子轮容易咬破子粒，最好不用。行距20～25cm，播深5～8cm，播后收耱。当气候干旱，抢墒播种时，耱后还可镇压保墒。

播量。因气候、土壤肥力和品种不同，播量也不尽一致。试验证明，为了给个体发育创造良好条件，获得合理的群体结构，应改进传统播量不足的做法，适当提高播量。一般以150万株/hm^2为宜，即播量225kg/hm^2左右，肥力较高的川水地，还可适当提高。

（四）田间管理

苗期。保全苗、促状苗是苗期田间管理的中心任务。为保证全苗，可以用0.3%的3911或气味较浓的农药喷雾防治黑绒金龟子和老鼠对幼苗的危害。从苗高8cm时开始锄草、松土，并用潜除净或40%的氧化乐果对水喷雾防治潜叶蝇；苗高10cm左右进行第二次作业，以后注意拔大草。

开花期。该期是豌豆生育旺盛时期，对水分和养分需求较大，可用磷酸二氢钾3.75kg/hm^2对水实施根外追肥。有条件的地方可以进行自流灌溉或节水喷灌。在进行水、肥供给的同时，调节田间小气候，预防高温或干旱对发育的影响，提高开花、坐果率。同时用2.5%的敌杀死10～40mL或40%的氧化乐果30ml对水喷雾，防治豌豆象、蚜虫等。

成熟期。为促进养分向籽粒转移，除了拔大草，后期应减少灌水。该期也是豌豆最怕涝的时期，在雨水过多或田间集水的地方，应及时排水防涝。

（五）收获

大部叶片脱落，茎、荚变成黄白色，大部分籽粒与荚壳分离，并复原为本品种形状和颜色时即可收获。收获后在田间晾晒，待子粒变硬后再运回，打碾（脱粒）。收获后严防雨淋，否则将造成霉变，影响品质和粒色。

（六）储存

为防止豌豆象发生，脱粒后要及时晾晒干燥，在籽粒含水量低于14%时储存。在装袋、储存时，必须等子粒温度降低后进行。储存期间谨防光照和返潮。

二、间套种

（一）豌豆与马铃薯、向日葵、或地膜玉米套种

茬口选择。要求3年内不能用这些作物与豌豆套种，应建立豌豆套种（豌豆套种马铃薯、向日葵或地膜玉米）→小麦→秋杂→胡麻→豌豆套种（马铃薯、向日葵或地膜玉米）的轮作方式。

整地施肥。按主栽作物要求进行。

播种。主栽作物品种选择按当地实际情况而定，豌豆以中豌 4 号，宁豌 4 号和宁豌 2 号等矮秆、早熟品种为主，播量 225kg/hm^2。因为马铃薯、向日葵和玉米都在 4 月播种，所以，播种期随这些作物而定。规格要求：豌豆、马铃薯（或地膜玉米）的带比为 50∶50，马铃薯（或地膜玉米）种两行，豌豆种 3 行；豌豆、向日葵带比为 80∶20，每 80cm 豌豆，留 20cm 种向日葵。播种方法：除地膜玉米起垄覆膜、点种外，其余都用犁播。播深：向日葵、马铃薯、地膜玉米按各自要求进行，豌豆 5～8cm，播后收耱或覆土。

田间管理和收获豌豆。与单播相同，也可与主栽作物结合进行。豌豆收获期比主栽作物早，成熟标准、收获、脱粒及晾晒、储存与单播相同。

（二）豌豆与桑树、枸杞、苹果等低龄果树套种

果树行间播种。品种以中豌 4 号和宁豌 2 号为主，整地，施肥，播种，播量，播种方法，田间管理，收获，打碾和储存与豌豆单播一致。

三、复种

品种选择。复播豌豆是以鲜食豆角和饲草为主，应选择秆较高的豌豆品种，以提高产草量。

播种时间。复播豌豆播种的最佳时期为 7 月 15 日之前，即在小麦收获后进行整地，然后播种，最好采用免耕机播，以减少土壤水分蒸发，降低生产成本。

肥水管理。复播豌豆的栽培要少施基肥，巧施追肥。进入秋季后，温度下降较快，要处理好短暂的营养生长期和养分积累问题，在施肥上课采取“少施基肥，早施苗肥”的施肥原则。基肥用量 15kg/亩复合肥，使用时尽量避免肥料与种子直接接触，采用免耕播种可全田撒施肥料。四叶期施尿素 5kg/亩，始花期施尿素 10kg/亩。播种时如土壤过于干旱，应在播前灌水。有条件的，苗期和开花结荚期如遇干旱，可灌水。

田间管理。复播豌豆适宜密植。复播豌豆营养生长期为 45 天左右，播量以 17kg/亩，旱地可增加至 20kg/亩，行距 20～25cm，基本苗在 6 万以上。

病虫害防治。此期豌豆的主要害虫较少，在苗期用 40% 乐果 1 500倍液防治蚜虫。在雨水较多时，可用甲基托布津或多菌灵等药剂防治白粉病、灰霉病。

收割。收割适宜期应考虑豌豆秸秆和鲜荚的产草量和营养成分两个因素。

第六章 扁豆栽培技术

扁豆，又名滨豆、鸡眼豆等，野豌豆族，豆科，碟形亚科，扁豆属。属一年生草本植物，根据子粒大小和性状又分为两个亚种。

大粒亚种。花较大，白色有纹，少数为浅蓝色；荚果和籽粒均大而扁，种皮浅绿色带斑点；小叶大，卵形。

小粒亚种。花较小，白、紫或浅粉红色；荚果与籽粒小至中等；籽粒形如凸透，种皮浅黄、黑色、花纹不一；小叶小长条形或披针形。

扁豆起源于亚洲西南部和地中海东部地区。史前在亚洲西部的温带地区就有栽培，公元前8 000 ~9 000年，近东地区及土耳其南部也有栽培，青铜时期广泛分布在地中海、亚洲和欧洲，后来传入美国、墨西哥、智利等地，并从印度传入我国。

据《本草纲目》记载，我国还有一种扁豆，“子有黑白赤斑四色，一种荚硬不可食，惟豆子粗圆而色白者，可入药。”即药用白扁豆，形似白豌豆，具有和中、下气，补五脏，久服头不白，解毒、止泄痢，除湿热等功效。

我国和宁夏回族自治区较大面积种植的是扁豆，南起云南，北到内蒙古，西至青藏高原等地均有种植。

宁夏回族自治区明代万历年间（公元1577 年）《朔方新志》，万历四十四年《固原州志》，清代嘉庆《灵州志》及1926 年《朔方道志》中均有记载。

扁豆抗寒、抗旱能力强，耐瘠薄，生育期短，除了单播，还可与其他作物间作套种。植株较小，根部多具有固氮能力的根瘤，有养地肥田之功效，在恢复地力和耕作制度调配中具有重要作用。籽粒营养价高于豌豆和蚕豆，除作为粮食，还是多种副食品加工的主要原料和优质饲料，市场销售价 3 ~4 元/kg。

第一节 扁豆的地位和作用

扁豆在我国是一个小作物，之所以能在干旱、半干旱和阴湿气候环境中长期生存，并受人们的重视，除了抗逆性强，耐瘠薄，适应性广以外，还与其营养价值有关。据测定，宁夏扁豆籽粒蛋白质含量29.07%，粗脂肪0.72%，粗淀粉45.62%，氨基酸1.51%，灰分2.05%，水分6.8%。蛋白质含量超过豌豆（除少数品种），比禾谷类作物高1～2倍，蛋白质与碳水化合物的比例为1：2.5，禾谷类为1：（6～7），薯类为1：（10～15）。茎秆开花期蛋白质含量高，营养价值超过燕麦。

据《中国小杂粮》介绍，每100g籽粒中含蛋白质25.3g，碳水化合物55.4g，膳食纤维6.5g，灰分2.5g，钾439mg，钙137mg，镁92mg，锰1.19mg，磷2.18mg，铁19.2mg，锌1.90mg，铜1.27mg，维生素E 1.86mg，维生素B_1为10.45mg，此外还含有一定量的维生素B_2、尼克酸、泛酸以及血球凝聚素A、维生素B。由于血球凝聚素是一种有害蛋白，遇高温可被破坏，所以在食用时应充分加热。扁豆的氨基酸中含有赖氨酸、蛋氨酸、色氨酸、亮氨酸、异亮氨酸、苯丙氨酸、苏氨酸、缬氨酸等人体必需氨基酸，但其中的蛋氨酸、色氨酸等的含量偏低。

扁豆秸秆、荚皮、叶片等含脂肪1.8%，蛋白质4.4%，碳水化合物50.0%，纤维21.4%，灰分12.2%。

一、轮作倒茬，恢复地力

扁豆不但消耗土壤养分少，还能恢复地力，给后茬作物创造一个良好的生长条件。因此，群众经过长期探索，形成了以豆类为核心轮作、倒茬的各种模式，在旱作农业耕作制度中，有不可替代的作用。

干旱和半干旱区：扁豆→小麦→糜子（地膜玉米）→胡麻→马铃薯→小麦→扁豆。

阴湿区：扁豆→小麦→马铃薯→胡麻→荞麦→豆类。

河谷川道区：扁豆→小麦（连作）→玉米（马铃薯，胡麻）→小麦→扁豆。

二、抗灾、救灾，保证粮食生产安全

扁豆正常播种在清明节前、后，但试验证明可以延迟到5月上旬，比正常年份晚播30天左右，仍能正常成熟，对产量基本无影响。播期的延迟，为抗灾、救灾提供了可能，即遇春旱时，可调节播期，避开干旱危胁。其次，当某种作物受灾或延误播期后，可改播或补种扁豆，以自身面积的不稳定，保证了粮食生产和群众生活的稳定性。

三、间作、套种，提高自然资源利用率

近年来，宁夏自治区扁豆在与小麦等混种的基础上，又与地膜玉米、向日葵等作物，枸杞、桑树等低龄果树行间套种；大大提高了土地等自然资源的利用率，解决了土地用、养的矛盾。

四、扁豆是粮食和养殖业的饲料

扁豆面粉色鲜味美，可单独做面食，也可作其他作物面粉的配料；作为粮食，过去食用量较大，现在随着生活水平的提高，食用量有所下降，但仍占总产量的15%左右，而且近年来城镇人口的食用量不断增加。在养殖业中占有重要位，当地饲用量约占总产量的15%左右。

五、扁豆是副食品加工的主要原料

扁豆籽粒可煮食或者煮汤，或制成豆泥、豆沙，还能煮粥做糕。宁夏自治区以扁豆为原料的加工副食品主要有：豆芽、粉面、粉丝等。由于籽粒不大，表皮薄，煮烂性好，可与大米等一起煮稀饭，还用做包子馅。银川、固原、吴中、中宁、中卫等城市宾馆餐厅和市场都有扁豆芽供应；仅固原城区，从事扁豆芽销售的摊贩有82家，连同宾馆、饭店，年消耗量10万kg左右，副食品加工约占总产量的30%，转化率较高。

六、扁豆是主产区主要经济作物和传统出口创汇作物

据资料显示，我国扁豆出口数量比较稳定，出口地区广阔，主要是欧洲、美洲、非洲，出口产品主要来自甘肃和宁夏。2005年出口3.4万t，单价320.3美元/t，创汇金额1 088.9万美元，占主要出口杂粮的0.5%，均高于豌豆和蚕豆。

宁夏回族自治区扁豆生产有如下几个特点：一是生产成本低，据测算生产每吨扁豆比小麦节省投资40~50元。二是价格高，当地市场价固原扁豆3.0~3.2元/kg，定选1号和宁扁1号4.0~4.1元/kg，分别比小麦高1.4~2.4元/kg。三是销路好，宁夏自治区20世纪80年代前每年出口量为0.5万~1万t，现在内销大于外销。由于投入少，售价高，销路好，主产区农户已将小杂粮作为经济作物看待，年产量的65%~70%向市场出售，占主产区农民人均纯收入的30%左右。

扁豆出口的主要标准是：①大小均匀，整齐一致，色泽鲜亮；②无机械破损、无病虫害；③不含有检疫对象；④当年收获、干净的种子。

第二节 形态特征

一、根

扁豆根属圆锥根系，主根明显，侧根繁茂，根部着生根瘤，具固氮能力，对水分和养分的吸收能力较强。根系入土较浅，主根长约15cm，侧根多，并有旺盛根瘤的浅根系。主根细长，入土35cm左右为深根系。根长和侧根数量介于二者之间的为中间类型，宁夏回族自治区以浅根为主。扁豆根瘤菌可与豌豆族根瘤菌共生，形状不规则，且有顶端分生组织。

二、茎

扁豆茎草质，浅绿色，有的苗期紫色，圆形、中空，成熟前组织柔软，成熟后基部木质化，多分枝。株高因品种而异，也与水肥条件有关，条件好的生长旺盛，植株较高，一般大粒种30~70cm，小粒种20~40cm。节间中部较长，两头较短。宁夏扁豆以株型直立为主，生长过旺，或光照不足时易倒伏，分枝数随生态环境和密度而异，环境恶劣、密度过高时减少，一般3~5个。茎秆开花期蛋白质含量达14%，比禾谷类高2.5~3倍，比薯类高6倍，蛋白质与碳水化合物的比例为1∶15，而禾谷类为1∶（50~100），营养价值超过燕麦草。

三、叶

扁豆叶为羽状复叶，叶对生，无叶柄，顶叶卷须状，叶片长椭圆型，长1cm左右，宽约0.5cm，淡绿色或深绿色，受冻会使小叶变成紫红色。一般为4~7对，最多时达14对，每片小叶基部有叶枕，托叶小，全缘。初生的第一、第二片叶是单叶或2片小叶，以后便是羽状复叶。

四、花

扁豆花为总状花序，花腋生，花梗较细。据观察，花梗长2.5cm，比较固定，通常每个花序上有1~3朵小花，少数有4朵。一般每株有10~50个花序。花冠较小，花蝶形，由旗瓣和翼瓣组成，花萼筒状，基部分裂成五个尖片，包裹较深。花色因品种而异，大多为白色，少数为粉红色或浅紫蓝色。花有雄蕊和雌蕊花，其中雄蕊10枚，9合1离，包裹柱头，雌蕊1枚，柱头短，有细毛，花瓣不开裂，严格的自花授粉作物。一般晴天8：00~16：00开花，17：00以后逐渐萎蔫，第二天不再开放，每朵只开1天，如遇阴雨天则不开花；花序开花顺序是自下而上，荚果在开花后4天左右出现。当第一层荚果出现时，第二层花即将开放，第三层花花蕾出现，而且上层花蕾出现时间逐渐提前。

五、果实和种子

扁豆荚果短小，扁平状，果柄由花梗而来。每花序结荚多数1~2个，少数3个，长椭圆形，两侧扁，基部圆或稍带楔形，顶部短而尖，表面光滑，全国90.4%的品种单株荚数40个以上，荚长1.5~2cm，宽0.5~0.8cm。每荚粒数因品种而异，多数1.6~2粒，少数有3~4粒，成熟荚黄褐色，多数易炸角、落粒。

籽粒扁圆状，呈凸透镜形，颜色全国有浅棕褐色至棕色和黑色，通常带紫和黑色斑纹或斑点，宁夏有淡绿色、橘红色、浅灰色（浅棕褐色）、黑色和花麻色5种，种脐白色。籽粒大小可分为3种：直径6~8mm，千粒重45g以上为大粒型，直径3~5mm，千粒重25~30g为小粒型，中粒型介于二者中间。种皮薄，无胚乳，营养丰富，出苗时子叶不出土，发芽年限4~6年。

六、生长发育及其对环境条件的要求

（一）生长发育过程

扁豆在营养生长和生殖生长两个阶段中，从出苗到开花为营养生长阶段，可因光照和密度不同变幅较大。当光照不足时，长势弱，分枝少，开花晚，甚至不开花；密度过小，分枝增多，营养生长过盛，开花时间大大推迟，对开花、结荚反而不利。宁夏扁豆产区早熟品种较少，以中、晚熟品种为主。一般情况下，从播种到出苗需10~12天，因气温偏低和土壤水分不足，也可延长到20~25天；从出苗到开花，中熟品种40~45大，晚熟品种45~60天。从开花到成熟为生殖生长阶段，中熟品种40天左右，晚熟品种50~60天。全生育期中熟品种80~90天，晚熟品种90~110天。试验证明，在充足光照和适宜密度条件下，4月初播种，7月上旬收获，生育期80天左右；如果推迟到5月初播种，可在8月初收获，生育期与前者基本一致，播期的变化，给扁豆在抗灾、救灾和生产上广泛利用提供了可能。

（二）对环境条件的要求

温度。因栽培条件和品种不同，自发芽到成熟需1 650~2 700℃・d积温。种子发芽最低温度在3~4℃，扁豆受冻害温度为-3℃（豌豆-6℃，蚕豆-5℃），所以幼苗耐寒能力不及豌豆和蚕豆，生长最适温度25℃，虽然抗旱能力比蚕豆和豌豆强，但生殖生长期，如遇持续10天以上30℃的高温、干旱，也能造成开花、坐果率低，而且开花层数大幅度减少，和豌豆一样出现封顶早熟。

光照。扁豆是长日照作物，有些品种对光照长短的反应为中性。适宜早春播，也可晚春播，对开花、结荚几乎无影响。天气晴朗，中等肥力条件下，开花坐果率高。

水分。扁豆种子蛋白质含量高，张力大，吸水性能强，膨胀后体重增加112%，在豌豆、扁豆、蚕豆中居第一位。尽管种子吸水力强，但对水分要求并不高，土壤“黄墒”（土壤含水量9%左右）就可发芽、生长。由于种子和根吸水能力强，耐旱、不抗涝，一生中需要较干燥的气候条件，阴湿区反而不利于生长。对水质敏感，当含盐量高于0.3%时开始死苗，0.4%时大量死亡；加工马铃薯淀粉后的污水不能直接灌溉，即使冬灌也会使翌年植株死亡。

土壤和养分。扁豆适宜于在中性或微碱性、通透性好的土壤上生长，在粘重或酸性土壤上生长不良，在沼泽地，营养生长期延长，对产量和品质都会造成明显影响。扁豆对养分需求以磷素较大，以有机肥和磷、钾肥为主。在贫瘠的土壤上，幼苗需要一定量的氮素供应，施少量氮肥可促进幼苗发育，增强根瘤菌固氮能力。开花以后不宜追施氮肥，以免贪青晚熟，降低产量。

第三节 扁豆分布与优势产区

一、分布

扁豆是抗寒、抗旱能力很强的作物，全世界约40个国家种植，而且以干旱、炎热地区为主，主产区在亚洲。在亚洲西部和欧洲东部，既有大粒亚种，又有小粒亚种，在欧洲南部、非洲北部和南美洲以大粒种为主，小粒种分布在印度、阿富汗、埃及等国。

我国小扁主要分布在四大高原区，即黄土高原的山西、陕西、甘肃、宁夏和河北，内蒙古高原的内蒙古自治区，云贵高原的云南，青藏高原的西藏等省区，以黄土高原为主产区。

宁夏山川均有种植，主要分布在宁南山区，宁夏平原以贺兰县以北及中卫县较多，种植方式除了单种，平罗县还常与小麦混播。

二、优势产区

宁夏属黄土高原春播区，种植在1 350～2 500m的海拔范围内，一般4月初播种，7月上、中旬收获，生育期80～90天。该区阳光充沛，昼夜温差大，环境条件优良，土地资源丰富，生产出的扁豆营养丰富、品质好。

宁南山区是宁夏自治区优势产区，1985 年以来面积变化不大，面积居前四位的县是：海原县 1 800 hm^2，同心县 1 467 hm^2，西吉县 867hm^2，彭阳县 733hm^2。为了发挥宁南山区特色农业竞争优势，适应国内、外市场需求，到“十五”期末，宁夏自治区引进和选育出了扁豆优良新品种 2 个，试验、示范平均产量 2 250kg/hm^2，比目前品种增产 95.6%，有较大的增长空间。

三、种植与研究

（一）种植

据统计，1990 年，世界范围内种植面积较大的国家是：印度 109.5 万 hm^2，土耳其 90 万 hm^2，孟加拉 21 万 hm^2，叙利亚 14.4 万 hm^2，加拿大 13.9 万 hm^2，尼泊尔 12.2 万 hm^2，巴基斯坦 8 万 hm^2，墨西哥 6.3 万 hm^2。而这一年全世界扁豆收获面积 319.1 万 hm^2，比 1960 年 173.9 万 hm^2 增加了 83.5%，单产世界范围相对较低，1990 年比 1960 年提高了 32.7%，平均单产只有 769.5kg/hm^2。

我国是世界扁豆主产国之一，总面积 4 万～5 万 hm^2。其中：山西 1 万 hm^2 左右，甘肃 1.3 万 hm^2 左右，云南 6 667hm^2 左右，宁夏 5 500～6 000hm^2，陕西 4 000hm^2。单产云南丽江单作一般为 1 500kg/hm^2，最高 1 999.5kg/hm^2。近年来面积有所上升，年播种达 10 万 hm^2 左右，单产 450～750kg/hm^2。

20 世纪 50 年代初，宁夏扁豆播种面积 1.5 万 hm^2 左右，其中：宁南山区 1.3 万 hm^2，以固原县面积最大，彭阳、西吉、海原县次之，以后面积逐渐减少。1950 年全区 1.25 万 hm^2，单产 327kg/hm^2；1957 年 1.33 万 hm^2，单产 360kg/hm^2；1978 年 8 533 hm^2，单产 562.5kg/hm^2；1980 年 7 373 hm^2，单产 573kg/hm^2；1985 年 5 800 hm^2，单产 484.5kg/hm^2。川区产量水平较高，平均 900～1 200kg/hm^2。2005 年实地调查，总面积 5 833 hm^2，平均产量 1 150.5 kg/hm^2，占全区粮食总面积的 0.74%，占粮食总产量的 0.22%。

（二）研究

与小麦等大宗作物相比，我国扁豆研究起步很晚。在 20 世纪 80 年代，山西省农业科学院高寒区作物研究所、中国农业科学院作物科学研究所、陕西省农垦科研所和甘肃省定西旱农中心曾开展了以品种资源、品种引进、品种选育为主的试验研究，收集了襄汾扁豆、彬县扁豆、庆阳扁豆、丽江扁豆、固原扁豆和定边扁豆等，到 1990 年底，全国已搜集并初步鉴定和编目的扁豆资源 639 份，其中国内地方资源 395 份，并对已搜集和引进的资源进行了农艺性状初步评价，建立了计算机档案。山西、陕西、甘肃、云南等省引育成功了 C362、C365、秦豆 9 号、定选 1 号等品种。后来，由于各地实行抓大放小，山西、甘肃等省研究单位先后中止了已开展的工作，使研究走向低谷。

1996 年以来，在宁夏科技厅的支持下，宁夏固原市农业科学研究所开展了以扁豆新品种选育和栽培技术为主的试验、研究。在强化品种引进、品种选育和资源收集、筛选、利用的同时，坚持引进与选育相结合，常规种与特色种选育相结合，现实性与前瞻性相结合，到“十五”期末，在收集品种资源、开展基本性状研究的基础上，引进和选育出定选 1 号和宁扁 1 号。开展了扁豆生长、开花习性和产量性状关系观察，品种抗寒、抗旱、抗病性和病虫危害以及防治研究，为产业发展提供了技术支撑。

2000 年以来，国家对小杂粮重视，在全国农技中心和国家小宗粮豆品种鉴定委员会的大力倡导下，各地扁豆试验、研究又重新兴起。宁夏作为协作组成员，积极参与了这项活动，现有全国扁豆区域试验点 3 个。2006 年，在农业部有关部门与西北农林科技大学的组织下，完成了《全国扁豆优势区域布局规划》；在全国农技推广中心的指导下，建立了“国家小宗粮豆科技示范园”，为深化研究和产业化发展创造了条件。

四、主要病虫害

宁夏回族自治区对扁豆危害最大的虫害是蚜虫。当气候干旱时容易发生，多为绿色或黑色，一旦发作，虫口密度大，危害部位多在中、上部茎秆和叶片，使叶片发黄，植株萎缩，生长不良。用 40% 的氧化乐 750ml/hm^2，或用 2. 5% 敌杀死 450ml/hm^2 对水喷雾防治。

五、主要问题

宁夏自治区扁豆生产存在的主要问题是：品种数量少，只有 1 个地方品种，1 个引进品种和 1 个育成品种；栽培、管理粗放；品种选育难度大，加工技术落后，对生产拉动能力有限；龙头企业少，带动能力差。

第四节 扁豆栽培技术

一、单播（单种）

（一）轮作倒茬

扁豆抗寒、抗旱，耐瘠薄，对前茬要求不严，根除了有固氮能力外，还能吸收土壤中的钙，把难溶性磷转化成有效态，给其他禾谷类作物创造一个好茬口，但可分泌酸性物质，连作将对生长发育产生不良影响，所以，在茬口选择上忌重茬和迎茬，应实行3年以上的长周期轮作。除此之外，其他作物前茬均可播种。土地选择上，肥力较高的川、水地易倒伏，所以，肥力中下的川旱地或山台地为好。

（二）整地施肥

扁豆子粒小，幼苗弱小，又易受草欺，所以整地要求做到疏松、细绵，无杂草。扁豆是早春播种作物，为了保持水分，一般在上年耕作的基础上，第二年春天不再耕翻，但播前可耙耱一次，也可直接播种。根据扁豆生长对肥力的要求，施肥应以农家肥、磷肥和钾肥为主，少施氮肥。施肥方式以基肥为主，一般在施农家肥15～22.5t/hm^2的基础上，加施二铵150～225kg/hm^2，或普通过磷酸钙225～300kg/hm^2，可在播前或播种时一次施入。为防烧苗，不宜用化肥作种肥。

（三）播种

选用良种。目前，生产上可供选用的品种比较少，宁扁1号，定选1号和固原扁豆可供选用。

种子处理。品种确定后，选取已经清除杂质、无破烂、无病斑、无虫害、成熟饱满、大小与本品种一致的子粒作种子；播前晒种1～2天，或用10～15%的盐水浸泡10min左右，捞出晾干后播种，此法对杀灭病、虫害效果显著，同时有助于发芽和根的生长。

播种。试验证明，扁豆3月下旬到5月初播种均可正常成熟。可根据气候情况选择适宜的播种时间。正常年份仍以清明节前后为宜，如遇干旱或其他灾害性天气，可适当推迟。采用耧播或播种机播种，严禁撒播，行距20cm，播深5cm左右，播后收耱。

播量。为保证生长发育正常，提高产量，应改变播量不足的传统做法，适当增加播量，要求保证苗数225万/hm^2为宜，播量：大粒种子75kg/hm^2左右，小粒种子60kg/hm^2左右。

（四）田间管理

保全苗。扁豆顶土能力差，易板结，为保全苗，出苗前特别要注意破板结。

锄草、松土。扁豆幼苗期生长缓慢，为促进生长，把锄草、松土作为培养壮苗的主要措施来抓，一般齐苗后即可进行浅松土、碎土块、除杂草。以后随着地上部生长加快，在开花前根据田间生长情况，至少再锄草、松土1～2次，封垄后成熟前还应注意拔大草。

防治病虫害。宁夏自治区扁豆暂无病害，虫害主要有黑绒金龟子、蚜虫等。

可在出苗后用对硫磷乳油 50～100g，与麦麸和匀，1.5kg/hm^2 撒施，防治黑绒金龟子。开花前用 40% 的氧化乐果每亩 50ml 对水 80kg 喷雾，防治蚜虫。

（五）收获

当植株大部分变黄，中、下部叶片脱落，豆荚变褐色时，即可收获。如果收获太晚，会出现落荚、落粒。扁豆茎叶很容易发霉，为防霉变或籽粒表皮皱缩，促进后熟，提高粒色和品质，收获后严防雨淋，晾晒干燥后，打碾（脱粒）。

（六）储存

为防籽粒变褐色，脱粒后切勿长时间暴晒，风干或晾晒干燥后低温条件下储存，储存期间谨防返潮。

二、间套种

（一）扁豆与地膜玉米套种

茬口选择。要求 3 年内不能用玉米，向日葵等与扁豆套种，并建立“扁豆套种玉米→小麦→秋杂→胡麻→扁豆套种玉米”的轮作方式。

整地施肥。按主栽作物要求进行。

播种。品种选择、播量和种子处理与扁豆单播相同。扁豆播种可适当延迟，与玉米同期播种。播种时在地膜行间紧贴地膜。行距 40cm，种 2 行；行距 50cm，种 3 行。

田间管理。锄草、松土可根据情况单独或与玉米一起进行，喷药防虫以扁豆为主，且与单播相同。开花期结合给玉米灌水，可实施田间灌溉；成熟期控制水分供给，促进正常成熟。

收获。扁豆比玉米早，收获后能为玉米创造一个快速生长的环境条件。成熟标准、收获、晾晒、脱粒及储存，与单播相同。

（二）扁豆与桑树、枸杞、苹果等低龄果树套种

果树行间播种的品种有宁扁 1 号、定选 1 号和固原扁豆，整地，施肥，播种，播量，播种方法，田间管理，收获，打碾和储存与扁豆单播一致。由于在果树行间种植，要加强虫害防治，成熟期防止水分过量供给，使落黄正常。

第七章 蚕豆栽培技术

蚕豆（*Vicia faba* L.），又称罗汉豆、胡豆、南豆、竖豆、佛豆，为豆科、野豌豆属一年生草本。分类地位属植物界，被子植物门，双子叶植物纲，原始花被亚纲，蔷薇目，蔷薇亚目，豆科，蝶形花亚科，野豌豆族，野豌豆属，蚕豆种。蚕豆营养价值丰富，含8种必需氨基酸。碳水化合物含量47%~60%，可食用，也可作饲料、绿肥和蜜源植物种植，为粮食、蔬菜和饲料、绿肥兼用作物。

一、栽培历史

蚕豆的起源和分布一般认为蚕豆起源于亚洲西南和非洲北部，蚕豆在中国的栽培历史悠久，最早的记载是三国时代张揖的《广雅》中有胡豆一词，在浙江省吴兴县钱山漾新石器时代遗址中就有蚕豆的出土。从我国的一些古书记载来看，这种作物可能在宋初或宋以前传入我国，最先栽培于西南川、滇一带，元明之间才广泛推广到长江下游各省。中国蚕豆相传为西汉张骞自西域引入，蚕豆在全国自热带至北纬63°地区均有种植，长江以南地区以秋播冬种为主，长江以北以早春播为主。以四川最多，次为云南、湖南、湖北、江苏、浙江、青海、甘肃、宁夏、内蒙古等省区，除山东、海南和东北三省极少种植蚕豆外，其余各省区均种有蚕豆。其中：秋播区的云南、四川、湖北和江苏省的种植面积和产量较多，占85%，春播区的甘肃、青海、宁夏、河北、内蒙古占15%。云南是蚕豆种植面积最大的省份，占全国的23.7%，常年种植在35万hm^2左右，以秋播为主。

二、形态特征

蚕豆为一年生草本，株高30~120cm。主根短粗，多须根，根瘤粉红色，密集。茎粗壮，直立，直径0.7~1cm，具四棱，中空、无毛。偶数羽状复叶，叶轴顶端卷须短缩为短尖头；托叶戟头形或近三角状卵形，长1~2.5cm，宽约0.5cm，略有锯齿，具深紫色密腺点；小叶通常1~3对，互生，上部小叶可达4~5对，基部较少，小叶椭圆形，长圆形或倒卵形，稀圆形，长4~6cm，宽1.5~4cm，先端圆钝，具短尖头，基部楔形，全缘，两面均无毛。总状花序腋生，花梗近无；花萼钟形，萼齿披针形，下萼齿较长；具花 2 ~ 4 朵呈丛状着生于叶腋，花冠白色，具紫色脉纹及黑色斑晕，长 2 ~ 3.5cm，旗瓣中部缢缩，基部渐狭，翼瓣短于旗瓣，长于龙骨瓣；雄蕊 2 体（9 + 1），子房线形无柄，胚珠 2 ~ 4，花柱密被白柔毛，顶端远轴面有一束髯毛。荚果肥厚，长 5 ~ 10cm，宽 2 ~ 3cm；表皮绿色被绒毛，内有白色海绵状，横隔膜，成熟后表皮变为黑色。种子 2 ~ 4，长方圆形，近长方形，中间内凹，种皮革质，青绿色，灰绿色至棕褐色，稀紫色或黑色；种脐线形，黑色，位于种子一端。花期 4—5 月，果期 5—6 月。

三、营养价值

蚕豆含蛋白质、碳水化合物、粗纤维、磷脂、胆碱、维生素 B_1、维生素 B_2、烟酸、和钙、铁、磷、钾等多种矿物质，尤其是磷和钾含量较高（见下表）。

表　每 100g 蚕豆所含营养素

类别	含量	类别	含量
热量	1 403kJ	蛋白质	21.60g
脂肪	1.00g	泛酸	0.48mg
碳水化合物	59.80g	叶酸	260.00μg
膳食纤维	3.10g	维生素 A	52.00μg
维生素 K	13.00μg	胡萝卜素	310.00μg
硫胺素	0.37mg	核黄素	0.10mg
尼克酸	1.50mg	维生素 C	16.00mg
维生素 E	0.83mg	钙	16.00mg
磷	200.00mg	钾	391.00mg
钠	4.00mg	镁	46.00mg
铁	3.50mg	锌	1.37mg
硒	2.02μg	铜	0.39mg
锰	0.55mg		

四、生长习性

蚕豆生于北纬 63°温暖湿地，耐 -4℃低温，但畏暑。蚕豆生长对温度要求随生育期的变化而不同，种子发芽的适宜温度为 16 ~ 25℃，最低温度为 3 ~ 4℃，最高温度为 30 ~ 35℃。在营养生长期所需温度较低，最低温度为 14 ~ 16℃，开

花结实期要求16～22℃。如遇－4℃下低温，其地上部即会遭受冻害。虽然蚕豆依靠根瘤菌能固定空气中的氮素，但仍需要从土壤中吸收大量的各种元素供其生长，缺素常出各种生理病害。

五、主要品种

崇礼蚕豆。强春性，早熟，全生育期100～110天，分枝少，花白色，有效分枝2～3个，株高80～100cm，单株荚数一般8～10个，单荚粒数2～3粒，百粒重120g左右。籽粒窄圆形，种皮乳白色。籽粒含蛋白质24.0%，脂肪1.5%，赖氨酸1.55%。该品种株型紧凑，适宜密植，喜肥喜水，丰产性好，一般亩产150～200kg，最高产量达280kg。

临蚕5号。春播蚕豆品种。生育期125天左右，分枝一般为2～3个，百粒重180g左右，种皮乳白色。具有高产、优质、粒大，抗逆性强等特点，适应于高肥水栽培，根系发达，抗倒伏，一般亩产350kg左右，是粮菜兼用的优质品种。

临蚕204。春播蚕豆品种，生育期120天左右，分枝2～3个，结荚部位低，百粒重160g左右。具有高产、优质、粒大的特点。适应性广，抗逆性强。一般亩产为350kg左右，最高亩产达420kg。是出口创汇的优质品种。

临夏马牙。春性较强。甘肃省临夏州优良地方品种，因籽粒大形似马齿形而得名。全生育期155～170天，性晚熟种。该品种种皮乳白色，百粒重170g，籽粒蛋白质含量25.6%。适应性强，高产稳产。平均产量350kg/亩，最高可达500kg/亩。适宜肥力较高的土地上种植。是中国重要蚕豆出口商品。

临夏大蚕豆。春播类型。该品种种皮乳白色，百粒重160g左右，籽粒蛋白质含量27.9%，平均产量250～300kg/亩。喜水耐肥，丰产性好，适应性强，在海拔1 700～2 600m的川水地区和山阴地区均能种植，1981年开始在甘肃省大面积推广。适于北方蚕豆主产区种植。

青海3号。春播蚕豆品种，具有高产、优质、粒大的特点，分枝性强，结荚部位低，不易裂荚。种皮乳白色，百粒重160g左右，籽粒蛋白质含量24.3%，脂肪1.2%。根系发达抗倒伏，喜水耐肥，适宜在气候较温暖、灌溉条件好的地区种植。最高亩产达400～450kg。

青海9号。春播蚕豆品种，具有高产、优质、特大粒的特点，分枝性强，结荚部位低，不易裂荚。种皮乳白色，百粒重200g左右。根系发达，植株高大、茎秆坚硬，抗倒伏，喜水耐肥，适宜在气候较温暖、灌溉条件好的地区种植。最高亩产440～480kg。春蚕豆区推广品种。

湟源马牙。春播类型。该品种种皮乳白色，百粒重160g左右，属大粒种，是青海省优良地方品种。湟源马牙栽培历史悠久，具有较强的适应性，产量高而稳。分布在海拔1 800～3 000m的地区。一般水地产量250～350kg/亩，山地150～200kg/亩，是中国主要蚕豆出口商品。适于北方蚕豆主产区种植。

日本时蚕。春播蚕豆品种，由中国农科院作物科学研究所引进。生育期为120天左右，花白色，结荚部位低，结荚多，分枝少，单荚粒数一般为4～5粒。不易裂荚。百粒重150g以上，种皮乳白色，一般亩产300kg左右。抗逆性强，是粮菜兼用的优质品种。品蚕D：春播蚕豆品种，生育期125天左右。具有高产，优质，小粒，耐旱耐瘠的特点。分枝一般2～3个，单株荚数18～29个，单荚粒数2～3个，百粒重50～60g，种皮乳白色，种子蛋白质含量28.36%，种子单宁含量少，不含蚕豆苷等生物碱，株高115～156cm，一般亩产300kg，高者达350～400kg，是一个粮饲兼用的好品种。适于北方蚕豆主产区推广种植。

六、栽培技术

蚕豆是人类最早栽培的豆类作物之一，世界上种植蚕豆的有50多个国家，集中在黑海和地中海沿岸，我国有40多个栽培品种，20世纪50年代产量居世界第一，年产30亿kg以上。作为粮食磨粉制糕点和小吃。籽粒嫩时作为时新蔬菜或饲料，种子含蛋白质22.35%，淀粉43%。

（一）栽培方法

茬口与选地。选择小麦或马铃薯为前茬，忌豆类作物和油菜作前茬。蚕豆忌连作，连作使植株生育不育，根瘤菌数目少，活性低，结荚少，发病多，种蚕豆就实行至少3年以上的轮作。蚕豆适应稍黏重而湿润的土壤，但是，栽培在土层深厚、肥沃的黏壤土或砂壤土上为好。豆麦轮作至少2～3年轮作一次。选择地势平坦，灌溉方便，耕层深厚，肥力中等以上水平，中性或微碱性地块。耕作层20～25cm，土壤有机质≥13 000mg/kg，全氮≥1 000mg/kg，速效氮≥80mg/kg，速效磷≥60mg/kg，速效钾≥130mg/kg；耕作层容重≤1 100mg/cm^3。

播前耕作、施肥。

①秋耕前作收获后及时深翻：耕深25cm左右，要求深、匀、透，不重不漏，犁垡齐平。

②播前整地：早春土壤解冻20cm时，进行土地平整，达到地平、土细、墒足、上虚下实。

品种选择。本区宜选青海9号、青海11号、青海12号、马牙蚕豆。

①种子精选：人工精选，剔除小粒、瘪粒、皱皮、破损、有病斑的籽粒；选

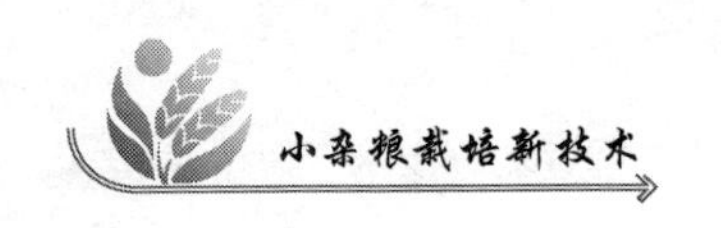

择粒大、饱满、皮色光亮、老熟、无病斑的籽粒作种，种子纯度98%以上，净度99%以上，发芽率96%以上。

②种子处理：播前选晴朗天气，在干燥地面上晒种3～5天。

施肥（基肥）。

①有机肥：施腐熟的农家肥3 000 ～4 000kg/亩。

②化肥：施尿素5～7kg/亩，磷酸二铵11～15kg/亩，氮磷比为1：（2.0～2.3）。

播种技术。

①播种期：蚕豆具有较强的耐寒性，种子在5～6℃时即能开始发芽，但最适发芽温度为16℃。幼苗能忍耐－5℃左右的低温，－6℃时易冻死。生长的适温为20～25℃。当气温稳定通过0～5℃，土壤解冻12～15cm时播种，适宜播种期阴湿区为4月中下旬，干旱区水浇地为4月上旬至4月中旬；中、高位山旱地为3月下旬至4月上旬。

②播种方法：采用畜力开沟人工手溜播种或用小四轮拖拉机牵引小型点播机播种，或用手推式蚕豆点播机播种，随播随耱。实行宽窄行距种植，2窄1宽或4窄1宽，宽行行距50cm，窄行行距30cm。

③播种量及播种深度：每亩播种量灌溉地20～22.5kg；山旱地22.5～25kg。播深7～10cm。

④基本苗和株行距：每亩基本苗灌溉地1.1万～1.3万株，山旱地1.6万～2万株。

（二）田间管理

苗期管理措施在苗期根据苗情以控水或灌水达到墩实的壮苗，做到苗齐、苗匀、苗壮。胶粘泥的豆田，播种后要及时盖草保温保湿。

中期管理措施做好病虫害的预测预报工作，及时防治病虫草鼠危害，做好水分管理。进行田间整枝间苗，拔出瘦弱植株和病株，保证群体健康生长。

后期管理措施保证灌浆期对水份的需求，使土壤含水量保持在20%～25%，低于18%～20%，必须立即灌水；高产田块和迟熟田块，终花散尖期进行打顶摘芯，利于通风透光，增粒重，促早熟。

中耕除草。当苗高10cm进行第一次中耕除草，行间锄深8～10cm；株间锄深5cm。灌第一水后土表泛白时结合松土进行第二次除草。结荚至成熟前，视田间杂草除草1～2次。

灌水。春灌地苗期（主茎出现第5～6片复叶）、冬灌地现蕾期灌第一水；盛花期灌第二水，结荚期和鼓荚期视降水情况灌第三、第四水。

摘心打顶。当植株第 10～12 层花序出现时摘心。摘心量 1 心 1 叶，摘心在晴天露水干后进行。

根外追肥。花荚期每亩用尿素 0.1kg，磷酸二铵 0.2kg，叶面施肥 1～2 次，并用 0.1% 钼酸铵溶液，0.2% 硼酸溶液 50kg，叶面施肥 1～2 次。

（三）病虫害防治

蚜虫防治。

①农业防治：适时灌溉，防止干旱，黄板粘杀。

②化学防治：蚜虫发生初期，每亩用 40% 抗蚜威 2 000～3 000倍液在田块四周喷封闭带 3～4m；当蚜虫普遍发生时，进行全田防治，每隔 7 天防治 1 次，最多防治 3 次。

病害防治。

①农业防治：播种前用 56℃温水浸种 5 分钟，选用抗病品种，增施有机肥，合理密植，提高抗病力，收获后及时消除病残体，深埋或烧毁。

②化学防治：轮纹病发病初期用 50% 多菌灵可湿性粉剂或 70% 甲基托布津可湿性粉剂 1 000～1 500倍液喷雾防治。

赤斑病叶片上先出现赤色小点，小点逐渐扩大成圆形或椭圆形病斑，严重时各部位均变成黑色、枯萎。茎秆内壁有黑色菌核。用种子量 0.3% 的多菌灵可湿性粉剂进行拌种或发病初期用 50% 多菌灵可湿性粉剂 1 000～1 500倍液喷雾防治。每隔 10 天防治 1 次，最多防治 3 次，安全间隔期为 30 天。以后，每隔 10 天喷 50% 多菌灵 500 倍液 1 次，连喷 2～3 次。实践证明：初期喷施 1∶2∶100 的波尔多液比喷多菌灵好。

蚕豆立枯病各生育阶段均可发病，但以嫩荚期发病较重，主要侵染蚕豆茎基或地下部，也侵害种子。茎基染病多在茎的一侧或环茎出现黑色病变，致茎变黑。发病初期开始喷洒 58% 甲霜灵锰锌可湿性粉剂 500 溶液，或用 75% 百菌清可湿性粉剂 600～700 溶液，或用 21% 咪锰多菌灵可湿性粉剂 800～1 000倍液，或用 20% 甲基立枯磷乳油 1 100～1 200溶液等。

锈病是在叶片上出现锈斑，直至叶片干枯。严重时植株全部枯死。可用 15% 粉锈宁 50g 对水 50～60kg 喷施。每亩用药液 40～60kg。施药后 20 天左右，再喷药 1 次。

枯萎病会使根部发病变黑，主根短小，侧根少，叶色变黄，植株呈萎蔫状，顶部茎叶萎垂。在发病初期可用 50% 甲基托布津 500 倍液浇施根部，用药 2～3

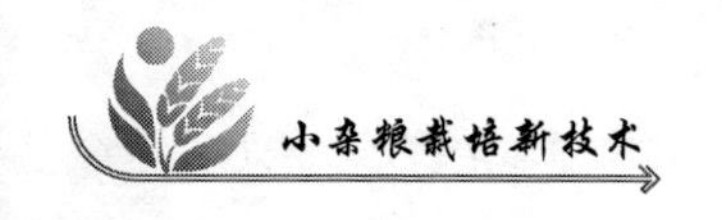

次，有较好的防治效果。

褐斑病则可侵染蚕豆的茎、叶、荚和种子。叶片染病初呈赤褐色小雀斑，后扩展为圆形或椭圆形病斑，病斑中央为淡灰色，边缘呈深褐和赤色，直径3～8mm，其上密生黑色呈轮纹状排列的小点粒，病情严重时互相交融成不规则大斑块。发病初期，可喷施70%甲基硫菌灵可湿性粉剂600～800倍液，或用50%琥胶肥酸铜可湿性粉剂500～600溶液等，每隔7～10天喷一次，连续1～2次。

黄萎病起初仅在植株一侧发生黄化，另一侧颜色正常，茎部上面的叶片，自下部开始向上部逐渐黄化，黄化叶片起初呈苍绿色或绿黄色，后完全变黄。在初发病期浇灌50%混杀硫悬浮剂500～600倍液，或用50%多菌灵可湿性粉剂500倍液，或用50%琥胶肥酸铜可湿性粉剂350倍液，每株灌兑好的药液500ml。但在采收前3天停止用药。

炭疽病可危害叶片、茎秆及豆荚。叶片受害初期，表面上散生深红褐色小斑，后扩展为1～3mm、中间为浅褐色边缘为红褐色的病斑。病斑融合后成大斑块，大小10mm，病斑圆形至不规则形，多受叶脉限制，病叶很少干枯。后期病斑上产生黑色小点。发病前或发病初期喷80%炭疽福美可湿性粉剂800～1 000倍液，或用58%甲霜灵锰锌可湿性粉剂800～1 200倍液等。隔7～10天喷一次，连续喷2～3次，采收前3天停止用药。

花叶病由病毒引起，须及时喷药治蚜，可用50%抗蚜威可湿性粉剂2 500～3 000倍液。采收前3天停止施药。

根腐病和茎基腐病可在定植前用50%多菌灵可湿性粉剂1份与50份细干土混匀，撒在苗基部，每亩用量1. 5kg。

(四) 增产技术

去无效枝。在蚕豆初花期，将小分枝、细嫩分枝除去，促进蚕豆集中用肥，利于增产。

摘顶心。蚕豆的花是侧生的短总状花序，开花时间长达20～30天。在开花结荚时，养分不能集中供给开花结荚的需要，常导致落花、落荚，分枝顶部多形成不孕花，因此，后期适时摘除顶心能控制植株生长，提高产量。此项操作尤在植株第10～12层花序出现时进行为宜，在运用上述技术时，要根据植株生长生育情况灵活掌握。在去顶心时要选在晴天进行，而且动作要轻，方法是：在晴天露水干后用剪刀剪掉顶端1心1叶。

(五) 收获和贮藏

采收嫩荚。适时采收蚕豆嫩荚，可分次采收，采收自下而上，每次大概7～

10天。

种子采收。植株下部叶片脱落，主茎基部4～5层荚变黑，上部荚呈黄色时收获，捆成小捆。

脱粒和贮藏。当豆荚完全风干变黑时脱粒。待籽粒晾晒至含水率13%以下时，贮存在通风干燥阴凉处。

七、玉米和蚕豆带状种植技术

（一）整地与施肥

深耕整地。前作收获后及时机深耕地0.24～0.26m，再浅耕2～3遍，灌足底墒水。冬季耙耱、镇压、收墒保墒；春天解冻后及时平整土地，再耙、耱各一次，做到耕层深厚，地面平整，松绵墒足。

基肥。每亩以农家肥6 000kg，尿素17.4kg，磷酸二铵20kg，结合提前浅耕施入作底肥，然后耙、耱、镇压。

划地。在施过底肥、浅耕、耙、耱、整平的地上，用长绳以1.5 m等距划分成“带”，以备播种。

（二）品种配套

玉米品种。阴湿区选用中熟高产品种中单二号、SC704、豫8703等；干旱区选用富农821。

蚕豆品种。选用青海3号、青海9号、加拿大321等品种。

（三）播种

带幅规格。玉米带幅0.8m种2行，蚕豆带幅0.7m种4行。

蚕豆播种。阴湿区在4月中旬当气温稳定通过0℃时播种，蚕豆行距15cm，株距10cm；干旱区一般在4月上旬至4月中旬播种。

玉米播种。玉米在4月下旬当气温稳定通过10℃时播种为宜，玉米行距26cm，株距20cm，三籽一穴点播，每亩以10kg磷酸二铵作种肥，播后覆土、耱平，干旱区需覆盖地膜。

（四）中耕松土，提高地温

蚕豆中耕除草。蚕豆出土后先浅后深进行2～3次中耕，以利提高保墒。

玉米中耕。阴湿区不覆膜玉米则在三叶期后及拔节前，应加强中耕、松土保墒，以增加地温促壮苗，并经常拔除田间杂草。

（五）玉米定苗

玉米在四叶期一次性定苗，每穴留一株，如有空穴者，在相邻穴内留双苗。

（六）灌水追肥

玉米灌水追肥。拔节期、大喇叭口期结合灌水分别每亩追硝铵15kg、30kg，灌浆初期再补追10kg。

蚕豆灌水追肥。施足以磷肥为主的基肥即可，生长期一般不再追肥。

（七）防虫灭病

玉米蚜虫、红蜘蛛的防治。在5月上旬至7月下旬每亩用40%水胺硫磷乳油50～70ml，加水50～70kg喷雾防治。

蚕豆蚜虫的防治。在初发期每公顷用50%的抗蚜威可湿性粉剂150g喷雾防治。

（八）收获

蚕豆收获。当植株中下部豆荚已充分成熟，豆荚色泽多为黑褐色，呈干燥状态时即可收获。

玉米收获。一般在9月下旬至10月上旬，在玉米苞叶发黄时开始收获，晒干脱粒、入库。

八、蚕豆和马铃薯带状种植技术

蚕豆、马铃薯带状种植技术，是一项高产栽培技术，经现场测产验收，带状田平均混合亩产达555kg，其中：蚕豆225kg，马铃薯330kg（按5kg折1kg计），其栽培技术要点是：

（一）选择地块，深耕整地选择

选择土层厚、土质良好、灌溉方便的地块种植。前作收获后，深翻20～25cm，灌足冬水，冬季耙耱1～2遍，保住底墒。

（二）施足基肥，合理施肥播前

亩施优质农家肥4～5m^3；化肥进行沟施，马铃薯沟施磷酸二铵15kg，尿素10kg；蚕豆沟施尿素2.0kg，磷酸二铵5kg。蚕豆在现蕾期亩施0.1kg磷酸二氢钾进行叶面追肥。

（三）带状规格与行向蚕豆带幅

宽150cm，行距25cm；马铃薯带幅宽180cm，垄宽90cm，双垄双行，起垄覆盖地膜后点播，行向东西为宜。

（四）选用良种

蚕豆选用马芽蚕豆和青海9号；马铃薯选用品质好、产量高的脱毒青薯9号品种。

（五）下种量和基本苗

蚕豆开沟点播，播种深度7cm，每带幅种6行。下种量控制在25～27.5kg，基本苗控制在2万株左右。马铃薯先盖膜后播种。用手铲点播，播深12cm，每垄种2行，株距23～27cm，行距25cm，按三角形种植，播种后及时封好播种孔。播种量115kg，最好整薯播种，单薯重量30g左右，基本苗控制在4 000株左右。

（六）田间管理

主要包括以下四个环节：

中耕除草，及时放苗。蚕豆出苗后进行中耕除草，间苗、定苗；马铃薯在出苗时要及时观察出苗情况，及时进行放苗，如发现缺苗应及时补种。

根外追肥。蚕豆在现蕾和结荚期，亩用磷酸二氢钾0.15kg喷施1～2次；马铃薯现蕾期，亩用磷酸二氢钾0.3kg灌根。

及时浇水。马铃薯在5月中下旬，按气象预报及时浇水，防止晚霜危害（农历四月初八的黑霜），现蕾期及时浇水；蚕豆在现蕾期浇水，以保证盛花期对水份的需要量。

蚕豆及时摘心打尖。为控制徒长，在株高100～110cm时，有10～11层花后开始打尖。其目的是抑制营养生长，加快生殖生长，减少落花落荚，增加结荚数量，降低病虫害发生。打顶时间以晴天中午为宜。

（七）适时收获

马铃薯大部分茎叶枯萎后开始收获，蚕豆要在植株大部分叶子转为枯黄，中下部豆荚变黑褐色而表现干燥状态时立即收获。

九、冬小麦和蚕豆带状种植技术

（一）选地整地，合理轮作

要求选择地势平坦、肥力中上、有灌溉条件的川水地，并针对当地小麦连作年限长短、病虫草害严重等问题，应首先考虑选择3～4年连茬麦地交叉轮作。播前要求地面平整、土壤疏松、上虚下实，无明显土块。

（二）选用良种，适期播种

冬小麦选用抗寒、抗锈、抗倒伏、高产的品种；蚕豆以青海9为主。冬小麦的适宜播期为9月中旬，蚕豆翌年3月下旬至4月上旬为宜。

（三）规格种植

合理密植采用80cm：80cm带幅，每带种6行小麦、4行蚕豆。小麦行距15cm，亩播量12～15kg；蚕豆株行距20cm，亩保苗8 000株。

（四）科学施肥

经济灌水小麦亩施农肥 2 500kg、尿素 20kg、普通过磷酸钙 30kg，尿素分两次施入，即底施 12. 5kg，返青期深施 7. 5kg；蚕豆亩施农肥 1 500 ~ 2 000kg、尿素 5 ~ 7kg、普通过磷酸钙 15kg，此三肥作底肥一次性施入。并注意灌好小麦越冬水、拔节水（蚕豆结荚期水）、灌浆水（蚕豆鼓粒期水）。

（五）加强田间管理

小麦灌浆期用粉锈宁防治条锈病，用乐果防治麦蚜，并兼防蚕豆食心虫。在蚕豆长到 8 ~ 10 荚果时及时摘心。还可结合防治病虫害用磷酸二氢钾、叶面宝、901（特）等叶面喷肥。小麦在蜡熟后期、蚕豆 70% 左右的豆荚变黑时采收。

十、阴湿区蚕豆高产栽培技术

（一）轮作倒茬

深耕整地蚕豆不宜连作，否则会病害加重、产量降低，要求至少 2 ~ 3 年轮作一次，如与禾谷类作物轮作效果最佳。蚕豆根系发达，入土深，整地必须深耕细作。伏、秋耕翻地 20 ~ 25cm，春季耙耱保墒，然后播种。

（二）重施基肥

适时追肥蚕豆施肥应掌握“重施基肥，增施磷肥，看苗施氮，分次追肥”的原则。亩施用优质农家肥 6 000kg、磷酸二铵 10kg。蚕豆为喜钾作物，有条件的地方可施氯化钾或硫酸钾 13kg。始花期结合中耕培土，追施尿素 10kg。

（三）选用良种

优良的品种是蚕豆稳产高产的先决条件，选用临蚕 2 号或青蚕 11 号。播前选用成熟度高、饱满的种子，晒种 5 ~ 7 天，以提高发芽势和发芽率。

（四）适时播种

合理密植宜在 4 月上旬播种。采用等行或宽窄行条播，等行行距 40 ~ 50cm；宽窄行行距为宽行 50cm，窄行 30cm，株距 15 ~ 20cm，播深 6 ~ 8cm，保苗 1. 1 万 ~ 1. 4 万株/亩。

（五）田间管理

中耕培土。播后出苗前遇雨应及时破除土壤板结，以利幼苗出土。早中耕、深中耕可促进根系和根瘤的繁殖、早发棵，使分枝效果明显增加。一般在苗高 8 ~ 10cm 时进行第一次中耕，深度 5 ~ 7cm，苗株附近宜浅，以免伤根。株高 15 ~ 20cm 时进行第二次中耕培土。

打顶摘心。蚕豆分枝能力很强，但生育后期的分枝多为无效分枝，造成田间密闭，消耗养分多，并影响有效茎的开花结荚。因此，结合中耕培土去除过多的分枝芽，促进养分集中运输给有效分枝。蚕豆分枝顶端的花大部分是不育花，往往不能结荚或结荚不饱满，浪费养分。打顶的时间应根据蚕长势、水肥条件和栽培密度灵活掌握，一般可在花开至 10～12 层时打顶为宜。摘心应在晴天露水后进行。

（六）病虫害防治

蚜虫发生期用乐果 0.2kg/亩，对水 50kg/亩防治。赤斑、褐斑病、轮纹病和锈病可用粉锈宁 50g/亩对水 25kg/亩喷雾防治。

（七）适时收获

采收。由于蚕豆植株上下部位的豆荚成熟不一致，一般适宜的收获期是当叶片凋落、中下部豆荚已经充分成熟且荚色变为黑褐色时收获。

贮藏。蚕豆收获后要带荚晒干或风干，待豆粒含水量在 13% 以下入库贮藏，脱粒后一般不要在强光下曝晒。存放环境应尽量保持干燥、密闭，以防止种皮变色，并保持种子的生活力。

参考文献

柴岩. 1999. 糜子［M］. 北京：中国农业出版社.
程炳文. 2007. 中国糜子产业发展现状与对策：中国小杂粮产业发展报告［M］. 北京：中国农业科学技术出版社.
迟爱民，尹秀波. 2005. 小杂粮优质高产栽培新技术［M］. 北京：中国农业出版社.
丁明，黄玉库，王晓瑜，等. 2002. 宁夏固原地区小杂粮生产现状与发展对策［J］. 作物杂志，(5)：5－7.
李荫梅，等. 1997. 谷子育种学［M］. 北京：农业出版社.
李莹等. 2004. 小杂粮良种引种指导［M］. 金盾出版社.
林汝法，柴岩，廖琴，等. 2002. 中国小杂粮［M］. 北京：中国农业科学技术出版社.
林汝法. 1994. 中国荞麦［M］. 北京：中国农业出版社.
马均伊，赵佰图，杜燕萍，等. 2004. 宁夏荞麦选育的回顾与思考［J］. 荞麦动态，(1)：5－8.
齐玉志，等. 1998. 谷子优质高产新技术［M］. 北京：金盾出版社.
山西省农科院. 1987. 中国谷子栽培学［M］. 北京：农业出版社.
孙桂花. 2006. 辽宁杂粮［M］. 北京：中国农业科学技术出版社.
童仁棠. 2004. 五谷杂粮食疗养身法［M］. 长春：吉林科学技术出版社.
王素霞. 2003. 糜子垫在预防皮肤压疮中的应用研究［J］. 现代护理，(9).
王玉玺. 1983. 糜子在宁南山区旱农中的地位［J］. 干旱地区农业研究，(1).
王增. 1997. 杂粮养生与防病［M］. 上海：上海书店出版社.
魏仰浩. 1980. 糜子的育种与栽培［M］. 呼和浩特：内蒙古人民出版社.
魏仰浩. 1990. 中国黍稷论文选［M］. 北京：中国农业出版社.
许辉. 1996. 糜米乳酸菌饮料营养价值的研究［J］. 内蒙古农牧学院学报，(3).
杨新才. 1998. 宁夏农业史［M］. 北京：中国农业出版社.

张锡梅.1987.谷子糜子高粱玉米抗旱品种气孔扩散阻力燕腾速率叶水势关系的研究［J］.干旱地区农业研究.

张锡梅.1989.不同作物在不同土壤水分条件下的耗水特性［J］.生态学报，9（1）.

张耀文，邢亚静，崔春香，等.2006.山西小杂粮［M］.太原：山西科学技术出版社.

张耀文.2006.山西小杂粮［M］.太原：山西科学技术出版社.